《2017广东省现代渔业报告》

2017 GUANGDONG SHENG XIANDAI YUYE BAOGAO

编 辑 委 员 会

2017

GUANGDONG SHENG XIANDAI YUYE BAOGAO

广东省现代渔业报告

中国水产科学研究院南海水产研究所
中国水产科学研究院珠江水产研究所

中国农业出版社

北　京

前　言

　　2017 年，在广东省各级渔业部门的共同努力下，全省水产养殖总体态势良好。2017 年，广东省渔业新模式、新品种、新品牌不断涌现，渔业经济效益稳步提升，为渔业"十三五"规划目标顺利实现提供了良好的支撑。据统计，2017 年全省渔业经济总产值 3 270 亿元；水产品总产值 1 356 亿元，同比增长 13％；水产品总产量 895 万吨，同比增长 2.4％；渔民人均纯收入 16 900 元，同比增长 17％。其中，海水养殖产量 329 万吨，增长 4.8％；淡水养殖产量 414 万吨，增长 4.7％。

　　广东省是渔业大省、强省，在全国渔业经济转型升级中走在前列，过去的一年着力发展优势主导品种，着力提升渔业经济效益，着力打牢渔业统计工作基础，为全国渔业产业转型升级做出了示范。渔业成为广东省农业的重要组成部分，增加值占 19％，是重要的"菜篮子"。

　　从关注渔民收入到全面建设小康社会，认真学习十九大精神，领会把握新时代渔业经济发展和统计工作的新要求。在振兴渔区渔村、提高渔民生活水平、发展高品质、高附加值绿色生态渔业上下工夫，加快推进渔业供给侧改革，着力提升渔业产业的发展水平。

编　者

2019 年 11 月

目　　录

第二部分　2017 年广东省渔业发展与国民经济

第一部分

2017年广东省渔业
发展概况

一、渔业总体概况

广东省位于北纬 $20°09'\sim25°31'$、东经 $109°45'\sim117°20'$，是中国大陆最南的省份。濒临南海，属于亚热带季风性气候，河流湖泊占全省土地面积的 5.5%。降水充沛，年平均降水量为 1 300~2 500毫米，年平均气温为 19~24℃。广东省具有良好的地理条件，河汊纵横，江湖密布，生物多样性丰富，水产养殖业发达，养殖品种多，养殖周期长，形成了独特的区域优势，再加上多元化的饮食习惯，促进了广东省养殖品种的丰富化。

广东省是我国重要的渔业经济大省。2017 年，广东省渔业经济总产值 3 146 亿元，占全国渔业经济总产值（24 761 亿元）的 12.7%。其中，渔业产值 1 307 亿元，占全国渔业总产值（12 314 亿元）的 10.6%；养殖总面积 47.38 万公顷，占全国养殖总面积（744.9 万公顷）的 6.36%，其中，海水养殖面积 16.17 万公顷，淡水养殖面积 31.21 万公顷。水产品总产量 833.5 万吨，占全国总产量（6 445.33万吨）的 12.93%。其中，养殖产量为 672.6 万吨，占全国的 13.71%（海水养殖总产量 302.9 万吨，淡水养殖总产量 369.7 万吨）。

目前，广东省已形成对虾、罗非鱼、珍珠、海鲈、大口黑鲈、石斑鱼、美国红鱼、军曹鱼、鳗鲡等 11 个优势品种。罗非鱼、南美白对虾、乌鳢、鳗鲡、大口黑鲈、鳜等产量连续多年居全国第一。近年来，广东省重点培育对虾、鳗鲡、罗非鱼、珍珠、海水优质鱼、大口黑鲈、鳜、中华鳖、罗氏沼虾等优势水产品，构建特色鲜明的优势水产品养殖产业区，集约化程度不断提高。

广东省的水产养殖品种已形成了多样化的格局，并在各个地区形成了许多各有特色的优质水产品养殖基地。如茂名、肇庆等地区主产罗非鱼；湛江地区主产对虾、珍珠等；佛山地区主产乌鳢、大口黑鲈；中山地区主产草鱼等。

二、水产养殖

（一）养殖区域

1. 养殖面积

（1）海水养殖　2017年，广东省海水面积为16.17万公顷，养殖主要分布在湛江、阳江、茂名、江门、汕头和汕尾等14个沿海城市。其中，湛江市海水养殖面积5.156万公顷，居广东地区首位，占全省海水养殖总面积的31.9%；其次为阳江市、江门市和茂名市，分别占全省海水养殖总面积的12.4%、12.1%和9.4%。

（2）淡水养殖　2017年，全省淡水养殖面积为31.21万公顷。根据所在地理位置，可分为珠江三角洲、内陆山区和沿海地区3种区域类型，并在各个地区形成了许多各有特色的优质水产品养殖基地。其中，珠江三角洲是广东省淡水养殖的核心养殖区，养殖技术和规模化、产业化、标准化水平居全省领先地位。近年来，积极引导珠江三角洲的养殖商品基地外延，有效地调整淡水养殖域布局，拉近3个区域的面积和产量差距。

2. 养殖产量

（1）海水养殖产量　2017年，广东省海水养殖产量前三位的城市分别为湛江市（78.5万吨）、阳江市（71.2万吨）和茂名市（45.0万吨），分别占广东省海水养殖总产量的25.9%、23.5%和14.9%，平均单产为15.2吨/公顷、35.6吨/公顷和29.5吨/公顷。此外，海水养殖年产量达10万吨以上的城市还有汕尾市、汕头市、江门市和潮州市。

（2）淡水养殖产量　广东省池塘、山塘、水库星罗棋布，淡水养殖水面广阔，养鱼历史悠久，技术经验丰富，无论池塘面积、单产和总产都是全国首屈一指。改革开放以来特别是进入21世纪以来，淡水养殖不论是在面积、产量、分布还是品种、技术、模式以及生产管理体制、市场经营机制等诸多方面，广东省在全国都占据一定的地位，具有一定的代表性和影响力。淡水养殖成为大农业的主导产业，具有土地产出率高、比较效益高、市场化程度高等特点。2017年，全省淡水养殖产量为369万吨。其中，佛山市、肇庆市、江门市的淡水产量位居前三位。

3. 主要养殖区域发展概况

（1）海水部分

①湛江市。湛江市地处中国大陆最南端的雷州半岛，三面临海，全市海域面积200.万公顷，沿海滩涂总面积48.9万公顷，大陆海岸线长1 243.7千米，列全国地级市第一。海水养殖条件得天

独厚,海养珍珠产量占全国的2/3,对虾养殖产量占全国的1/4。2017年海水养殖总产值131亿元,同比增长14.9%。对虾年产量15万吨,产值近30亿元。至2016年年底,湛江市建设特呈岛基地、流沙基地、乌石基地等5个深水网箱养殖产业园区。全市深水网箱发展到1 200个,逐步建立起网箱及配套设施、网箱养殖技术、饲料、水产品深加工、病防体系等深水网箱养殖产业链。

②阳江市:阳江全市海域面积123万公顷,大陆海岸线长323.5千米,滩涂面积1.31万公顷,海水养殖经济总量居全省第二。目前,已建成以对虾、牡蛎、海水优质鱼、泥蚶为主具有阳江优势的水产养殖基地。其中,牡蛎养殖面积达5 900多公顷,产量达41.7万吨,海陵湾牡蛎桩架吊养基地面积3 500多公顷,产量19.8万吨,是全国规模最大的牡蛎养殖基地之一;海水对虾养殖面积达7 500多公顷,产量达8.1万吨;普通网箱养殖48.4万平方米,产量5.3万吨。

③茂名市:茂名市海岸线长182.1千米,海域面积61.5万公顷。以对虾养殖为海水养殖主导产业,形成了具有规模的区域经济产业。2017年,全市对虾的养殖总面积达3 020公顷,养殖产量达5.13万吨。

④江门市:江门市领海基线内海域面积28.86万公顷,水深小于5米的浅海滩涂面积约1.4万公顷。主导海水养殖品种有南美白对虾、蛤类、牡蛎、青蟹以及多种优质海水鱼。

⑤珠海市:珠海市的海域总面积60.5万公顷,主要海水养殖品种为对虾和海鲈。珠海市是我国海鲈池塘养殖的主要区域,海鲈养殖量占全国六七成,海鲈养殖面积占全市海水鱼养殖面积的66.7%,采用传统的池塘高密度养殖模式为主;其海鲈养殖区主要分布在斗门区白蕉镇。

⑥汕尾市:汕尾市大陆架内海域面积239万公顷,相当于陆地面积的4.5倍。海岸线长455.2千米,占全省的11%,居全省第二位。海水普通网箱养殖面积为1.22万个箱,海水工厂化养殖66个场,养殖水体约40万立方米;海水粗养殖面积主要是海水底播养殖、护养增殖,面积为4 027公顷。海水养殖的主导品种有石斑鱼、鲈、卵形鲳鲹、南美白对虾、斑节对虾、日本对虾、青蟹、牡蛎、鲍鱼、江蓠等。

⑦汕头市:汕头市管辖海域面积的44.24万公顷,以海岸和近海湿地类型为主。海水养殖品种主要为鲍鱼、牡蛎、紫菜和江蓠等。海区养殖主要有南澳县太平洋牡蛎养殖基地、龙须菜和紫菜等海藻养殖基地以及澄海区莱芜紫菜养殖基地等。海水池塘养殖主要有六合围、澄饶联围、塔岗围的鱼虾混养基地;工厂化养殖则以鲍鱼养殖为主。

(2)淡水部分

①珠江三角洲:珠江三角洲是广东省淡水养殖的核心养殖区,长期的养殖实践,不仅积累了丰富的生产经验,而且培育了多种名优品种,形成了自己的特色。珠江三角洲地区基本实现了"一县一业"、"一乡一品"的区域化布局,如顺德主要养殖乌鳢、鳗鲡、甲鱼和大口黑鲈,南海主养大口黑鲈;东莞主要养殖甲鱼。此外,中山市南朗镇的青蟹、白鸽鱼,神湾镇的禾虫,三角镇的甲鱼,横栏镇南美白对虾,以及板芙、港口、南区在池塘、江河、水库中通过净化养殖草鱼、鳙等,江门市大鳌镇的白对虾。同时,随着养殖业的快速发展,带动了种苗、饲料、加工、贸易等相关产业的发展,初步形成了"饲料加工-苗种繁育-水产品养殖-水产品流通及水产品加工出口"的产业化经营形式,建立较完善的农工贸一体化、产供销一条龙的生产管理模式。

②内陆山区:广东省内陆山区经济相对较落后,淡水养殖基础差,加工流通相对滞后,技术水平低,但生态环境优良、渔业资源丰富,发展空间较大。可充分利用山区生态资源,建设渔业生态建设区。同时,借助生态旅游的发展,开展大水面的"渔-旅"等与旅游相结合的休闲旅游模式;

积极推广应用节水节能型、环保型养殖和健康养殖模式。开展凼仔养鱼、山塘、小水库养鱼、微流水养鱼、稻田养鱼、水库增养殖，推广应用"土池养鳗""土池养鳖""深水池塘养鱼""秋冬温棚养虾""山坑梯塘微流水养鱼""凼仔流水养鱼""流水养鲟""冷水养鳟"等生态养殖模式。

粤东、西沿海地区：充分发挥粤东、粤西的沿海区位优势和渔业资源优势，建设健康养殖和出口加工主导区。重点发展名特优新品种池塘主养，建立以粤西为主的罗非鱼、对虾养殖商品基地和以粤东为主的欧洲鳗等养殖基地。推进渔业产业化经营，发展特色养殖，规范对虾、罗非鱼等品种水产养殖商品基地建设，建成鳗、罗非鱼等淡水养殖优势产业带。因地制宜、各有侧重、立足资源优势，挖掘市场潜力，培育区域性主导品种，发展特色养殖业，提升产品质量，拉动加工流通业发展，建立一、二、三产业的互促互动、互惠互利发展机制，有效地调整渔业产业结构。

（二）主要增养殖品种

1. 海水部分

（1）海水鱼 2017年，广东省海水鱼类养殖面积27.3千公顷，产量54万吨，平均单产19.8吨/公顷，较上年增长10.1%。主要养殖品种有海鲈、斜带石斑（青斑）、卵形鲳鲹（金鲳）、胡椒鲷、红鳍笛鲷、紫红笛鲷、黑鲷、鲻、篮子鱼、大黄鱼、军曹鱼、鲕、美国红鱼、河鲀、鲆、鲽等。其中，鲈、石斑鱼和鲷产量位列前三，分别占海水鱼养殖总产量的15.2%、10.2%和6.7%。

①海鲈：广东省鲈的主要养殖品种为海鲈，以池塘养殖为主、网箱养殖为辅，养殖期1年。海鲈主要产地位于珠海市，其中，斗门区白蕉镇为集中产区，以地理标志产品"白蕉海鲈"享誉全国。2017年，白蕉海鲈养殖面积1 600公顷，全年总产量9.6万吨，占全国海鲈养殖产量的70%。

②石斑鱼：石斑鱼养殖主要方式有网箱养殖、池塘养殖和工厂化循环水养殖。其中，以池塘养殖为主，生长期在海区一般为5～11月。养殖品种主要有斜带石斑鱼（青斑）、珍珠龙胆石斑鱼。

③鲷科鱼类：主要养殖品种有黄鳍鲷、红鳍笛鲷、紫红笛鲷、黑鲷等。其中，黄鳍鲷以池塘养殖为主；红鳍笛鲷和紫红笛鲷以网箱养殖为主。

④卵形鲳鲹：卵形鲳鲹是广东省最主要的网箱养殖海水鱼品种之一。生长速度快，养殖4～5个月体重可达400克以上，且肉质细嫩鲜美，为南方沿海名贵的海产经济鱼类。卵形鲳鲹养殖主要分布在阳江地区（阳江港、闸坡港和溪头港）、茂名地区（电白）、湛江地区（湖光镇、太平镇、企水港、湛江港、流沙港、乌石港镇、东里镇及徐闻等地）、珠三角地区以及粤东（饶平、汕头、汕尾、惠东等地）。

（2）虾蟹类 2017年，全省虾蟹养殖总面积6.26万公顷，较上年增长5.7%；总产量54.3万吨，较上年增长9.7%。

①对虾：虾类养殖面积5.36万公顷，产量54万吨，平均单产10.1吨/公顷，较上年增长16.8%。主要养殖品种为南美白对虾、斑节对虾和日本对虾，其中，南美白对虾占虾类总产量的70%以上。

②蟹：蟹类养殖面积9 000公顷，产量6.63万吨，平均单产7.4吨/公顷。主要养殖品种为青蟹类，占蟹类总产量的80%以上。其中，以"台山青蟹"最负盛名，于2016年9月通过农业部农产品地理标志评审。

（3）贝类 贝类养殖面积6.51万公顷，产量186.11万吨，平均单产28.6吨/公顷。主要养殖种类有近江牡蛎、太平洋牡蛎、杂色鲍、杂交鲍、东风螺、泥蚶、联珠蚶、贻贝、江珧、马氏珠母贝、华贵栉孔扇贝、文蛤、琴文蛤、杂色蛤和缢蛏等。其中，牡蛎产量占贝类总产量的60%。

①牡蛎：广东主要牡蛎养殖品种为近江牡蛎和太平洋牡蛎，养殖方式为筏式养殖。近江牡蛎主要产地为粤西镇海湾、海陵湾和粤东长沙湾，养殖期为2~3年。太平洋牡蛎生长速度快，养殖周期仅半年左右，以汕头南澳岛养殖规模最大。

②扇贝：扇贝养殖品种主要为华贵栉孔扇贝，以吊笼养殖方式为主。

③珍珠贝：珍珠贝养殖品种主要为马氏珠母贝，也是以吊笼养殖方式为主，主要用于培植珍珠。

(4) 蛤类　蛤类的主要养殖品种为文蛤、琴文蛤、杂色蛤，以滩涂及池塘底播方式为主。

(5) 藻类　藻类养殖面积2 370公顷，产量7.52万吨。主要养殖品种有细基江蓠繁枝变种、龙须菜、菊花心江蓠、坛紫菜、长茎葡萄蕨藻（海葡萄）、海带和羊栖菜。除海葡萄及江蓠之外，其他种类的海藻养殖主要集中在汕头市。细基江蓠繁枝变种以池塘养殖为主，海葡萄以工厂化养殖为主，其他种类的养殖主要为海区浮筏养殖。因养鲍规模缩小以及市场价格偏低，江蓠及海带的养殖规模已大为减少。

2. 淡水养殖品种

广东淡水养殖的主要品种为淡水鱼类，其次为甲壳类、龟鳖类、贝类以及观赏鱼等。

(1) 鱼类　2017年，广东省淡水鱼类养殖总产量为339万吨，占淡水养殖总产量的90%以上。其中，草鱼产量最大，为83万吨。除了青鱼、草鱼、鲢、鳙四大家鱼外，淡水主要养殖的鱼类品种有以下几种。

①大口黑鲈：大口黑鲈1984年引进到广东省，现已成为广东省乃至我国重要的淡水养殖对象。广东省大口黑鲈的养殖产量近年来增加较快，2002年全省大口黑鲈的产量为6.5万吨，2009年的产量为10.1万吨，2017年达到25.81万吨。广东省淡水是大口黑鲈的重要养殖地区，养殖量占全国的75%，养殖面积超过2 700公顷。主要集中在佛山市顺德区、南海区，其中，顺德区养殖量占全国的50%，南海区占全国的25%。广东省大口黑鲈土塘养殖的放养密度为30万尾/公顷，每公顷最多可产75吨，居全国首位。特别是珠江水产研究所选育出"大口黑鲈优鲈1号"和"大口黑鲈优鲈3号"，更是极大地促进了大口黑鲈养殖的发展。

②乌鳢：广东省自20世纪90年代初在顺德地区率先开始养殖乌鳢，至今已有30多年历史。由于广东省得天独厚的地理优势和气候环境，已然成为全国最大的主产区和大型集散地。2017年，广东省乌鳢养殖面积为4 600公顷左右，产量达12.64万吨，约占全国总量的40%以上。目前，乌鳢养殖主要集中在珠江三角洲，特别是顺德地区，平均每公顷产量可达75~90吨。

③笋壳鱼：广东省珠三角地区重要的名优养殖鱼类，目前养殖的主要是泰国笋壳鱼和杂交笋壳鱼。珠江流域养殖笋壳鱼采用塑料大棚越冬养殖，也可充分利用各地养殖甲鱼的温室内水泥池养殖。

④鳗鲡：2017年广东省鳗产量为11.30万吨，占全国总产量的70%左右。广东省鳗已形成了以珠江三角洲为龙头，以粤东为重点培育区域，以粤西、粤北等地为补充的产业发展态势，养殖品种以日本鳗为主。

⑤罗非鱼：广东省具备养殖罗非鱼得天独厚的优越条件，是我国养殖罗非鱼最早、养殖面积最

多和产量最高的地区。2017 年，养殖产量 73.57 万吨，占全国总产量的 40% 以上。广东罗非鱼养殖区域主要集中于粤西的茂名、湛江、化州，以及珠三角一带的广州、珠海、肇庆、惠州等地。其中，茂名市罗非鱼养殖产量居全省第一位，有"中国罗非鱼之都"称号。

(2) 虾蟹类　2017 年，广东省甲类类产量为 25.38 万吨。主要是南美白对虾淡水养殖，其年产量为 20.19 万吨，占 80% 以上；其次为罗氏沼虾，年产量为 3.53 万吨；河蟹有一定的小范围养殖，年产量为 0.81 万吨。

(3) 龟鳖类　龟鳖类产量约 3 万吨。其中，中华鳖 1.59 万吨，龟类产量虽然不高，但由于某些龟类的价格较高，因此产值较大。

(4) 观赏鱼类　广东由于毗邻港澳，观赏鱼市场发展迅速。近年来，广东省水族观赏鱼、水草生产和经营已形成相当的规模。水族观赏鱼从业人员已达 10 多万人，水族爱好者越过 25 万人，水族观赏鱼产品占国内市场份额的 80%，出口创汇超过 300 万美元。2017 年，全省观赏鱼生产超过 2.4 亿尾。

(三) 养殖水域与方式

1. 海水养殖

就养殖方式而言，广东省海水养殖以池塘养殖和底播养殖面积最大，产量最高。池塘养殖总面积 63 799 公顷，产量 656 559 吨，比 2016 年增长 10.4%，占海水养殖总产量的 21.7%；底播养殖总面积 33 185 公顷，产量 644 541 吨，比 2016 年增长 1.1%，占海水养殖总产量的 21.3%。其他养殖方式就产量而言，依次是筏式养殖、普通网箱养殖、吊笼养殖、深水网箱养殖和工厂化养殖。养殖模式正从传统的分散式向集约化现代化发展，全省已建成深水网箱 2 240 个、工厂化养殖水体 100 多万立方米。

2. 淡水养殖

广东省淡水养殖主要包括池塘养鱼、山塘水库养鱼、稻田养鱼、工厂化养殖以及其他养殖方式等。

(1) 池塘养鱼　池塘养鱼是广东淡水养殖主体，其产量历来都占全省淡水养殖年产量的 90% 左右。20 世纪 90 年代，发展名特优新产品养殖，推广养殖新技术、新模式，推进规模化经营，提高池塘养鱼质量效益。近年来，池塘养殖发生了可喜的变化，池塘养殖已经成为农民致富、解决"三农"问题的强势产业。

(2) 山塘水库养鱼　山塘水库是广东省山区农民利用当地丰富、优质、无污染的水资源以及充足的草资源等自然优势而进行的一种生产方式。一般来说，山塘水库具有面积大、水位深、水质好、无污染、溶氧充足的优点，增产潜力较大，主要有粗放式养殖和集约化养殖两种形式。其中，粗放式大水面增养殖，主要以保持、恢复水域渔业资源为目的，依靠水体中营养物质增殖，产量不稳定；网箱、网栏、网围等集约化养殖，应用人工投饵、施肥等技术，产量得到较大提高，目前在环保的压力下，这种集约化养殖方式正逐步退出。

(3) 稻田养鱼　广东省地处热带和亚热带，热量丰富，雨水充沛，一年适合双季稻生产，四季均可稻田养鱼。沿江或山区低洼地区，历来都有稻田养鱼习惯。20 世纪 50 年代，稻田养鱼面积曾高达 33 000 公顷，在以后的 30 多年中呈减少之势，最少的 1978 年只有 920 公顷，而 1988 年则上升至近 27 000 公顷。90 年代初，稻田养鱼又出现萎缩。到了 90 年代末期，全省有 50 个县（市）实行了稻田养鱼，养殖面积较大的主要分布在山区的乐昌、怀集、梅县、五华、信宜、罗定、郁南、连山、连州等县（市），在平原区则主要分布在番禺、高要等市。目前，全省稻田养鱼主要集中在粤北山区清远、韶关、河源以及梅州等市，其中，连南的稻田养鱼比较闻名。养殖的品质主要有鲤、鲫、泥鳅、小龙虾、中华鳖等品种。

（4）工厂化养殖 工厂化养殖也叫做循环水养殖系，是指通过物理、化学、生物方法对养殖水进行净化处理，使全部或部分养殖水得到循环利用的一种养殖方式。但目前广东省淡水工厂化养殖仍处在起步阶段，养殖品种也较少。

（5）其他 除了上述几种主要的养殖方式外，各地还根据本地的特色，形成了别具一格的养殖方式，包括河涌养鱼、流水养鱼、凼仔养鱼、塱塘养鱼、湖泊养鱼等，不过这些随着"河长制""湖长制"的实施，将逐步减少或者消失。

尽管全省水产养殖业发展迅速，但随着生产的不断发展和国内国际市场的变化，依然存在着不少问题。特别是随着环保压力的增加，在未来的养殖过程中，应更加注重环境的保护及资源的可持续利用，打造成为绿色、安全、高效的养殖地区。

三、水产种业

水产种业是为水产养殖业提供优良"种子"的基础性产业，是现代水产养殖业的核心产业。广东省是我国水产养殖大省和强省，其气候条件适宜、渔业资源丰富，具有发展水产种业的天然优势，水产种业生产规模和技术水平均位于全国前列。

（一）发展优势

广东省位于珠江中下游，地处热带亚热带地区，气候温暖湿润，全年雨水丰沛。珠江水系干流西江、北江和东江在珠江三角洲入海，形成密布河网，水资源丰富。珠江水生生物资源丰富，是我国重要的淡水渔业生产基地和水生生物资源基因库。适宜的气候和丰富的自然资源，赋予全省发展水产种业天然优势。自江河里捞鱼苗到全国首次人工繁殖成功"四大家鱼"，全省水产种业一直走在全国前列。

广东省是我国南方经济中心，交通发达。在珠三角、粤东西北建有机场 10 多个，其中，广州白云国际机场为国际复合型门户枢纽机场。武广高铁、广深港高铁、厦深高铁、贵广高速铁路、南广高铁、广东西部沿海高铁等高速铁路，将广东省与周边省份紧密连接。发达的空运和陆运交通，为广东省水产种业辐射全国及东南亚周边国家提供了便捷条件。

（二）种业生产状况

全省水产养殖品种丰富，其中，淡水养殖品种以"四大家鱼"（青鱼、草鱼、鲢、鳙）、罗非鱼、鲫、鳜、鲈、乌鳢、黄颡鱼、鲮等大宗和特色鱼类，以及淡水龟鳖和罗氏沼虾为主；海水养殖种类中鱼类以石斑鱼、鲷、笛鲷、卵形鲳鲹等为主，虾类以南美白对虾、斑节对虾为主，贝类以牡蛎、珍珠贝等为主。

2017 年，广东省水产苗种产值 305 328.22 万元，比上年增长 9.8%，占渔业总产值的 2.34%，占全国苗种产值的 4.48%。全年共生产淡水鱼苗 8 484.87 亿尾，占全国 64.33%；海水苗种 361 575 万尾，占全国 27.97%；虾类 4 100 亿尾，占全国 32.75%。单个养殖品种中，罗非鱼、南美白对虾（凡纳滨对虾）最为突出，分别生产 104.52 亿尾和 3 200 亿尾，占全国产量的 47.07% 和 33.5%。根据历年来的统计数据，广东省淡水鱼苗产量一直居全国最高水平，生产了全国 60%～70% 的苗种。2005 年以来，主要海、淡水养殖品种苗种生产情况及与全国的对比见表 1-1 和图 1-1、图 1-2。广东省种业规模虽然很大，但产值并不高，自 2011 年以来基本稳定在 30 亿元左右，在全国总产值中占比很小。

图 1-1　2005 年以来广东省水产苗种产值变化

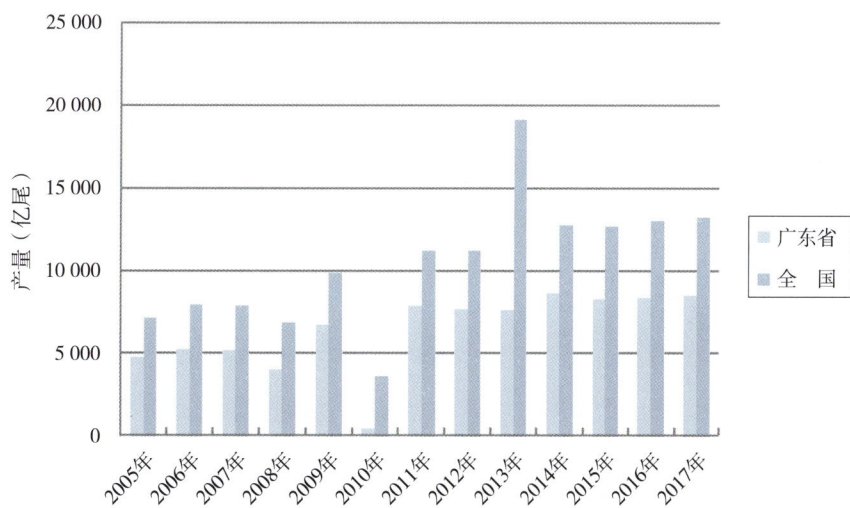

图 1-2　2005 年以来广东省与全国苗种产量变化

表 1-1　2005 年以来广东省水产苗种生产情况统计

年份	淡水鱼苗合计（亿尾）		罗非鱼（亿尾）		淡水鱼鱼种（吨）		投放鱼种（吨）		稚鳖（万只）		稚龟（万只）	
	全国	广东	全国	广东	全国	广东	全国	广东	全国	广东	全国	广东
2005	7 152	4 720	144	58	2 824 990	636 725	3 082 102	573 166	45 236	2 696	2 104	244
2006	7 965	5 202	154	52	2 816 467	542 541	3 442 533	747 751	90 929	3 082	2 832	304
2007	7 893	5 143	142	55	2 824 334	444 220	3 347 171	595 720	41 603	3 823	3 219	385
2008	6 873.01	3 967	323.77	196	2 723 703	274 050	3 021 397	217 006	38 608.25	4 625	3 467.33	463
2009	9 816	6 706	308	193	2 973 360	278 327	3 200 911	216 165	51 144	5 546	5 480	415
2010	3 606.63	393.69	216.29	120.76	3 086 327	266 531	3 399 979	210 138	48 257.27	5 660	5 878.18	458
2011	11 197	7 860.78	203	95.34	3 213 789	281 446	3 592 815	165 674	51 922	5 673	6 240	437
2012	11 181.32	7 658.25	218.56	104.4	3 490 287	287 035	3 821 089	159 683	62 137.11	6 024	6 880.70	578
2013	19 143	7 591	1 029	114	3 567 482	292 334	3 927 223	162 489	59 086	6 239	8 353	513
2014	12 746.18	8 633	256.45	117	3 694 912	297 634	4 038 359	168 951	65 775.77	6 046	8 586.95	603
2015	12 665.31	8 269.75	252.98	116.65	3 808 948	317 388	4 212 812	190 315	65 701.49	6 260	8 968.84	546
2016	13 005	8 353.5	241	113	3 950 487	324 843	4 375 591	191 799	63 298	6 661	11 967	547
2017	13 189	8 484.87	222	104.52	3 697 172	321 853	4 187 797	175 361	60 757	6 791	12 518	564

年份	鳗苗捕捞（千克）		海水鱼苗（万尾）		大黄鱼（万尾）		鲆（万尾）		虾类育苗（亿尾）		南美白对虾（亿尾）	
	全国	广东	全国	广东	全国	广东	全国	广东	全国	广东	全国	广东
2005	25 459	342	236 562	11 000	88 585	25	24 359	100	9 875	718	2 511	619
2006	31 859	410	291 399	28 064	105 897	110	22 368	230	7 335	861	4 924	773
2007	24 214	389	260 806	53 192	63 387	20	21 346	200	8 247	360	4 034	276
2008	31 732	755	328 804.30	54 793	128 049.00	400	26 695.00	300	7 752.19	215	3 770.39	171
2009	24 559	1 035	387 441	56 437	211 951	367	30 373	429	6 597	161.21	4 484	151.91
2010	26 134	1 152	445 016.06	86 065	231 508.00	285	32 785.00	412	5 650.43	187.82	4 634.78	157.64
2011	23 198	1 043	453 840	87 786	207 688	318	25 208	356	7 356	170.59	6 332	160.39
2012	23 333	972	489 142.11	98 500	242 154.00	192	27 293.40	339	8 731.81	190	6 948.01	179

（续）

年份	鳗苗捕捞（千克）		海水鱼苗（万尾）		大黄鱼（万尾）		鲆（万尾）		虾类育苗（亿尾）		南美白对虾（亿尾）	
	全国	广东	全国	广东	全国	广东	全国	广东	全国	广东	全国	广东
2013	21 930	188	572 887	231 346	182 791	339	33 477	257	7 560	255	6 134	117
2014	20 152	839	648 280.5	253 773	214 852	350	43 532	210	6 678.49	280	5 289.7	120
2015	15 858	835	784 013.95	275 493	279 085	95	51 961	250	10 239.8	4 000	7 945.43	3 000
2016	15 557	801	893 711	275 500	377 914	140	52 364	307	10 752	4 000	8 028	3 000
2017	17 130	800	1 292 903	361 575	391 472	186.5	38 743	341.7	12 518	4 100	9 552	3 200

年份	贝类育苗（万粒）		鲍（万粒）		海带（亿株）		紫菜（亿贝壳）		海参（亿头）	
	全国	广东	全国	广东	全国	广东	全国	广东	全国	广东
2005	69 173 094	456 615	184 306	51 027	101.1		100.07	0.05	185.29	
2006	77 697 548	571 309	215 044	82 031	243.9		93.64	0.04	217.68	
2007	111 852 397	594 983	257 898	80 939	255		29	0.02	512	
2008	126 222 816	694 999	309 301	69 482	255.57		28.06		273.35	
2009	123 551 127	740 155	347 595	70 919	262	1	14		518	
2010	119 844 654	608 764	500 529	80 482	303.02	1	26.27		552.6	
2011	128 544 631	572 724	604 700	75 871	395	1	26		470	
2012	134 989 515	589 053	746 441	75 773	289.32	1	171.35	130	583.74	
2 013	132 371 057	581 938	770 125	74 784	303		202	160	738	0.7
2014	186 430 373	597 994	681 841	78 957	326.03	10	201.81	160	745.55	0.02
2015	142 790 753	605 659	1 296 058	75 667	336.87	100	241.79	200	707.9	0.07
2016	238 849 481	245 210	713 935	75 974	476	100	12	0.03	631	0.09
2017	248 406 382	255 032	741 643	115 054	484		13	0.05	528	

（三）种质资源保护

种质资源是水产种业赖以发展的物质基础。珠江流域渔业资源丰富，据调查，珠江流域分布的鱼类约400多种，其中特有鱼类约126种，是全省渔业长期可持续发展的保障。然而，这些渔业资源中已经开发利用的并不多，有些鱼类繁殖技术尚未取得突破，亟须采取保护措施。

1. 种质资源保护区

建立种质资源保护区，对其栖息地、繁殖场进行保护是一个有效措施。全省已建立一批国家级种质资源保护区，但总体上比较少。截至2017年，全国共公布10批460处国家级水产种质资源保护区。其中，广东省仅13处，占全国2.84%（表1-2）。

表1-2　广东省境内国家级水产种质资源保护区名录

序号	名称	地理位置	保护对象
1	西江广东鲂国家级水产种质资源保护区	珠江中下游的广东省肇庆市郁南县至封开县辖区的江段内	广东鲂及其产卵场、栖息环境，同时也是中华鲟、花鳗鲡、鲥、长臀鮠、赤魟、卷口鱼、桂华鲮、斑鳠、鲢、鳙、青鱼、草鱼、鲮、三线舌鳎、鳗鲡、花鲈、鳜、海南红鲌、蒙古鲌、达氏鲌、鳊、青虾、河蚬、黄颡鱼、鳜、斑鳢等物种的栖息地
2	上下川岛中国龙虾国家级水产种质资源保护区	广东省江门市台山市上下川岛海域	中国龙虾，栖息的其他物种包括带鱼、银鲳、乌鲳、棘头梅童鱼、大黄鱼、黄鳍鲷、真鲷、杜氏枪乌贼、曼氏无针乌贼、裘氏小沙丁鱼、银牙鰔、四指马鲅、康氏马鲛、丽叶鲹等
3	石窟河斑鳠国家级水产种质资源保护区	广东省梅州市蕉岭县内的石窟河干流和重要支流	斑鳠、花鳗鲡、光倒刺鲃、三角鲂、桂华鲮、青鳉、大刺鳅，栖息的其他物种包括黄颡鱼、翘嘴鲌、鳜、青鱼、草鱼、鲢、鳙、长臀鮠、银鲴、赤眼鳟、斑鳢、月鳢、青虾、河蚬、鼋、鳖、虎纹蛙等
4	流溪河光倒刺鲃国家级水产种质资源保护区	广东省广州市从化境内的流溪河干流和重要支流	光倒刺鲃及其产卵场，同时保护其他经济鱼类和南方特有鱼类资源
5	西江肇庆段国家级水产种质资源保护区	西江广东省肇庆市河段	鲤，其他保护对象包括南方波鱼、拟细鲫、广东鲂、海南红鲌、大鳞白鱼、侧条光唇鱼、卷口鱼、斑鳠、异华鲮、四须盘鮈、须鲫、西江鲇、中间黄颡鱼、纵带鲀、长臂鮠等
6	北江英德段国家级水产种质资源保护区	广东省英德市的北江江段	鳜、鼋等，其他保护对象包括黄颡鱼、鲤、鲫、鲮、广东鲂、青鱼、鳗鲡、花鲈、斑鳠和鳖类等
7	榕江特有鱼类国家级水产种质资源保护区	广东省汕尾市陆河县榕江石塔村至水唇镇之间江段	黄颡鱼、斑鳢、日本鳗鲡、青鱼、草鱼、赤眼鳟、翘嘴红鲌、三角鲂、团头鲂、鳊、光倒刺鲃、鲮、鲤、鲫、鳙、鲢、黄鳝等
8	凌江特有鱼类国家级水产种质资源保护区	广东省南雄市浈江流域主支流之一的凌江河段	黑颈乌龟、乌龟、中华鳖、鳙、鲤、鲢、广东鲂等
9	新丰江国家级水产种质资源保护区	广东省韶关市新丰县的新丰江梅坑至大席水口江段	鲇、鲫、日本鳗鲡、青鱼、草鱼、赤眼鳟、团头鲂、鳊、鲮、鲤、光倒刺鲃、鳙、鲢、大刺鳅、黄鳝等19种水产种质资源，以及光倒刺鲃、鲇、鲫等鱼类产卵场

（续）

序号	名　　称	地理位置	保护对象
10	潭江广东鲂国家级水产种质资源保护区	广东省开平市潭江蒲桥至南楼江段	广东鲂，其他保护对象包括鲤、鲫、日本鳗鲡、青鱼、草鱼、鲢、鳙、赤眼鳟、团头鲂、鳊、鲇、黄颡鱼、黄鳝、鲈、斑鳢等物种
11	汕尾碣石湾鲻鱼长毛对虾国家级水产种质资源保护区	广东省东部汕尾市碣石湾内	鲻、长毛对虾，其他保护对象包括海鳗、赤点石斑鱼、花鲈、三疣梭子蟹、锯缘青蟹等物种
12	柚树河斑鳢国家级水产种质资源保护区	广东省梅州市平远县河头镇、八尺镇和仁居镇	斑鳢和鲇，其他保护对象包括黄颡鱼、青鱼、草鱼、翘嘴鲌、团头鲂、鳊、光倒刺鲃、鲮、鲤、鲫、鳙、鲢、黄鳝等
13	浰江大刺鳅黄颡鱼国家级水产种质资源保护区	广东省河源市和平县辖区浰江上游江段内	大刺鳅、黄颡鱼、鲇，其他保护对象包括花鳗鲡、鲤、鲫、斑鳢、青鱼、草鱼、鲢、鳙、光倒刺鲃、大眼鳜等

2. 种质资源库

除在鱼类的自然栖息地建立种质资源保护区，利用人工建立的种质资源库对资源进行保存，也是一项重要措施。目前，全省针对海洋和淡水渔业资源分别建立了南海海洋生物种质资源库和广东省淡水鱼类种质资源库，以及广东省渔业种质保护中心，对自然资源和人工养殖品种进行种质保存，并进行开发利用。

（1）南海海洋生物种质资源库　针对南海区主要海水养殖种类和具有重要经济价值的海洋生物资源，从活体、标本到 DNA、基因库等不同层次收集、整理和保存了南海区一批具有重要经济价值的海洋生物种质资源。收集和保存了 75 个物种活体种质资源，构建了具有丰富遗传多样性水平的活体种质资源库，构建了涵盖面最广、实用性最强的南海海洋生物标本资源库，构建了 66 个物种基因组 DNA 文库、3 个物种 cDNA 文库、2 个物种全基因组数据，构建了南海海洋生物基因资源库。

（2）广东省淡水鱼类种质资源库　共收集保存淡水鱼类 29 种、淡水虾类 1 种，共 15 000 份活体种质资源，以收集保存多种罗非鱼种质资源为重要特色。建立了 25 种鱼、虾的种质资源数据库；对所保存种质资源进行了开发利用，其中，基地的罗非鱼形成了种苗规模化生产能力。研究并解决了翘嘴红鲌等多种本土野生鱼类的人工繁殖技术，产生了较好的社会、经济效益。

（3）广东省渔业种质保护中心　广东省渔业种质保护中心始建于 1993 年，是广东省淡水名优鱼类引进、养殖试验、示范和推广基地，可大量生产提供各种淡水优质鱼类种苗。主要品种有美洲鳗鲡、澳洲淡水龙虾、长吻鮠、宝石鲈、苏丹鱼、中华胭脂鱼、地图鱼、花老虎、巴沙鱼、广东鲂、鲮等，年生产销售各类鱼、虾苗 2 亿多尾。近年来，还开展了子二代娃娃鱼的养殖示范和工厂化养殖宝石鲈试验等。取得水产苗种出口注册产地证书，2010 年首次出口罗非鱼苗到马来西亚。2016 年首次成功出口罗非鱼到缅甸，填补了其国内空白。2015 年获得了由全球水产养殖联盟（Globe Aquaculture Alliance，GAA）颁发的世界第一个最佳种苗场认证（Best Aquaculture Programm，BAP）；2016 年 6 月再次通过了复检认证。2016 年获得"农业部健康水产养殖示范场"资格。

（四）良种培育与推广

我国水产种业建设从1992年开始建设以良种场为主体的全国水产原、良种体系，负责为养殖产业提供原种、引进种及野生筛选种。全省一直以来积极支持水产苗种企业、事业单位进行良种场建设和良种选育，扶持了一批管理规范、技术水平较高的苗种场建设成为国家级或省级良种场，培育了一批水产新品种，为水产种业发展做出了积极贡献。同时，涌现了一批规模较大的水产种业企业，与科研院校、原良种场进行产学研合作，建立起了育、繁、推一体化的种业推广体系。

1. 良种场

截至2017年，广东省拥有国家级水产良种场5家。其中，罗非鱼良种场2家、南美白对虾良种场2家、中华鳖良种场1家；省级水产良种场57家（表1-3）。广东省良种场选育品种较集中，其中，32家良种场以罗非鱼和南美白对虾为主要品种，占良种场总数的51.6%。

表1-3 广东省省级以上水产良种场

序号	级别	名　　称	单位名称	生产品种
1	国家级	广东国家级罗非鱼良种场	广东省渔业种质保护中心	"广特超"新吉富罗非鱼
2	国家级	东莞绿卡中华鳖	绿卡实业有限公司	中华鳖
3	国家级	广东湛江海茂南美白对虾良种场	广东湛江海茂水产生物科技有限公司	南美白对虾
4	国家级	广东湛江恒兴南美白对虾良种场	湛江恒兴南方海洋科技有限公司	南美白对虾
5	国家级	茂名伟业国家级罗非鱼良种场	茂名伟业罗非良种场	吉奥、新吉富罗非鱼苗
6	省级	广东鲮鱼省级原种场	广东省淡水名优鱼类繁育中心	鲮
7	省级	大亚湾省级石斑鱼良种场	广东省渔业种质保护中心	石斑鱼
8	省级	广州番禺省级（奥尼）罗非鱼良种场	番禺区农业科学研究所	罗非鱼
9	省级	广州先步省级鳄龟良种场	广州市先步农业发展有限公司	鳄龟
10	省级	广州金洋省级尖塘鳢良种场	广州市金洋水产养殖有限公司	尖塘鳢
11	省级	广州一帆省级胭脂鱼良种场	广州市一帆水产科技有限公司	胭脂鱼
12	省级	广州华宝省级大鲵良种场	广州华宝珍稀水产养殖有限公司	大鲵
13	省级	深圳省级笛鲷良种场	深圳东海岸水产养殖公司	笛鲷
14	省级	珠海添源果牧省级尖塘鳢良种场	珠江市斗门区添源果牧有限公司	尖塘鳢
15	省级	珠海龙胜省级鲻科鱼类良种场	珠海龙胜水产良种有限公司	鲻科鱼类
16	省级	汕头省级紫菜良种场	汕头市海洋与水产研究所	紫菜
17	省级	汕头南弘省级鲍良种场	潮阳南弘海珍种苗场	鲍（杂交育种）
18	省级	佛山市百容水产省级草鱼良种场	佛山市南海区百容水产良种有限公司	"四大家鱼"、鲈等
19	省级	韶关市省级三角鲂良种场	韶关市水产研究所	三角鲂、"四大家鱼"、鲫

（续）

序号	级别	名　　称	单位名称	生产品种
20	省级	韶关市始兴省级草鱼良种场	始兴县水产良种场	"四大家鱼"等
21	省级	梅州省级鲤鱼良种场	兴宁市鱼苗场	鲤、罗非鱼、"四大家鱼"
22	省级	惠州省级鲫鱼良种场	惠州市水产研究所	鲤、罗非鱼、"四大家鱼"
23	省级	惠州李艺省级金钱龟良种场	惠州李艺金钱龟生态发展有限公司	三线闭壳龟
24	省级	惠州财兴实业省级中华鳖良种场	惠州市财兴实业有限公司	中华鳖
25	省级	惠州宏洋省级罗非鱼良种场	惠州市宏洋水产养殖有限公司	罗非鱼
26	省级	东莞绿卡省级乌龟良种场	绿卡实业有限公司	乌龟
27	省级	广东阳江康顺省级对虾良种场	阳江阳西上洋镇对虾康顺虾苗场	对虾
28	省级	湛江省级对虾良种场	湛江市东海对虾良种场	对虾
29	省级	湛江东方实业省级对虾良种场	东海东方实业有限公司	对虾
30	省级	湛江国联省级对虾良种场	湛江国联水产开发股份有限公司	对虾
31	省级	湛江海威对虾良种场	雷州市海威水产养殖有限公司	对虾
32	省级	省级广东岸华珍珠贝良种场	广东岸华集团有限公司	珍珠贝
33	省级	湛江国联省级罗非鱼良种场	湛江国联水产开发股份有限公司吴川基地	罗非鱼
34	省级	湛江腾飞省级东风螺良种场	湛江腾飞实业有限公司东风螺种苗场	东风螺
35	省级	湛江中联省级对虾良种场	湛江中联养殖有限公司对虾种苗场	对虾
36	省级	湛江粤海省级对虾良种场	湛江粤海水产种苗有限公司对虾种苗场	对虾
37	省级	徐闻海源省级对虾良种场	湛江市徐闻县海源养殖有限公司海中龙对虾种苗场	对虾
38	省级	雷州海威省级马氏珠母贝良种场	雷州市海威水产养殖有限公司马氏珠母贝种苗场	马氏珠母贝
39	省级	湛江腾飞省级对虾良种场	湛江腾飞实业有限公司对虾种苗场	对虾
40	省级	湛江德海省级对虾良种场	湛江市德海实业有限公司对虾种苗场	对虾
41	省级	湛江市美珍水产省级海参良种场	湛江市美珍水产种苗有限公司	海参
42	省级	湛江金海角省级对虾良种场	徐闻县金海角水产养殖公司	对虾
43	省级	湛江海兴农省级对虾良种场	湛江市海兴农海洋生物科技有限公司	对虾
44	省级	湛江湖君省级罗氏沼虾良种场	湛江市湖君水产科技有限公司	罗氏沼虾
45	省级	湛江粤大省级对虾良种场	湛江市粤大水产养殖有限公司	对虾
46	省级	湛江健源省级罗氏沼虾良种场	湛江市健源生物科技有限公司	罗氏沼虾
47	省级	湛江丹谷省级对虾良种场	湛江市丹谷水产科技有限公司	对虾
48	省级	遂溪众利省级对虾良种场	遂溪众利水产有限公司	对虾
49	省级	茂名三高省级罗非鱼良种场	茂名市茂南三高良种繁育基地	罗非鱼、鲮、淡水白鲳

（续）

序号	级别	名　　称	单位名称	生产品种
50	省级	茂名金阳省级对虾良种场	茂名市金阳热带海珍养殖有限公司	对虾
51	省级	茂名新科省级对虾良种场	茂名市电白新科养殖有限公司	对虾
52	省级	茂名光辉省级罗非鱼良种场	茂名化州市光辉养殖有限公司	罗非鱼
53	省级	电白县星火省级黄喉拟水龟良种场	电白县星火水生野生动物繁育场	黄喉拟水龟
54	省级	茂南粤强省级淡水白鲳良种场	茂南区粤强良种繁育有限公司	淡水白鲳、"四大家鱼"
55	省级	高州百联省级罗非鱼良种场	高州市百联水产种苗有限公司	罗非鱼
56	省级	高州朗业省级罗非鱼良种场	高州市朗业畜牧渔业科技养殖有限公司	罗非鱼
57	省级	饶平省级鲷科鱼类良种场	饶平县海水鱼虾培苗室（省级饶平石鲈科鱼类良种场）	鲷科鱼类
58	省级	潮州韩东省级中华鳖良种场	广东韩东水产苗种繁育有限公司	中华鳖
59	省级	饶平晟源省级斑节对虾良种场	饶平县晟源水产育苗场	斑节对虾、南美白对虾等
60	省级	清远黄沙渔业基地省级黄颡鱼良种场	清远市源潭黄沙渔业基地	黄颡鱼
61	省级	清新宇顺省级鳜鱼良种场	清新县宇顺农牧渔业科技服务有限公司	鳜
62	省级	普宁省级淡水白鲳良种场	普宁市鱼苗养殖场	淡水白鲳、罗非鱼

2. 水产新品种

1996 年以来，全国共审定水产新品种 202 个。广东省 29 个，鱼类 15 个，其中，罗非鱼 5 个，其他鱼类中除大口黑鲈 2 个外均只有 1 个（鳜、鳢、鲫、石斑鱼、野鲮、淡水白鲳、革胡子鲇、剑尾鱼）；虾类 8 个，其中，南美白对虾 5 个，斑节对虾 2 个，罗氏沼虾 1 个；贝类 5 个，其中，马氏珠母贝 3 个，扇贝 1 个，牡蛎 1 个；蛙类 1 个，美国青蛙。2017 年审定的 3 个新品种均为虾类，其中，南美白对虾 2 个，斑节对虾 1 个。全省目前已有的水产新品种见表 1-4。

表 1-4　广东省水产新品种培育情况

序号	品种名称	登记号	培育单位	类别
1	奥尼鱼	GS-02-001-1996	广州市水产研究所、淡水渔业研究中心	杂交种
2	福寿鱼	GS-02-002-1996	中国水产科学研究院珠江水产研究所	杂交种
3	奥利亚罗非鱼	GS-03-002-1996	广州市水产研究所	引进种
4	大口黑鲈（加州鲈）	GS-03-003-1996	广东省水产良种二场	引进种
5	短盖巨脂鲤（淡水白鲳）	GS-03-004-1996	广东省水产养殖开发公司	引进种
6	革胡子鲇	GS-03-008-1996	广东省淡水良种场	引进种
7	露斯塔野鲮	GS-03-011-1996	中国水产科学研究院珠江水产研究所	引进种
8	罗氏沼虾	GS-03-012-1996	中国水产科学研究院南海水产研究所	引进种
9	美国青蛙	GS-03-014-1996	广东肇庆市鱼苗场	引进种

（续）

序号	品种名称	登记号	培育单位	类别
10	剑尾鱼 RP-B 系	GS-01-003-2003	中国水产科学研究院珠江水产研究所	选育种
11	大口黑鲈"优鲈1号"	GS-01-004-2010	中国水产科学研究院珠江水产研究所、广东省佛山市南海区九江镇农林服务中心	选育种
12	凡纳滨对虾"中科1号"	GS-01-007-2010	中国科学院南海海洋研究所、湛江市东海岛东方实业有限公司、湛江海茂水产生物科技有限公司、广东广垦水产发展有限公司	选育种
13	凡纳滨对虾"中兴1号"	GS-01-008-2010	中山大学、广东恒兴饲料实业股份有限公司	选育种
14	斑节对虾"南海1号"	GS-01-009-2010	中国水产科学研究院南海水产研究	选育种
15	马氏珠母贝"海选1号"	GS-01-008-2014	广东海洋大学、雷州市海威水产养殖有限公司、广东绍河珍珠有限公司	选育种
16	华贵栉孔扇贝"南澳金贝"	GS-01-009-2014	汕头大学	选育种
17	乌斑杂交鳢	GS-02-002-2014	中国水产科学研究院珠江水产研究所、广东省中山区三角镇惠农水产种苗繁殖场	杂交种
18	吉奥罗非鱼	GS-02-003-2014	茂名市伟业罗非鱼良种场、上海海洋大学	杂交种
19	白金丰产鲫	GS-01-001-2015	华南师范大学、佛山市三水白金水产种苗有限公司、中国水产科学研究院珠江水产研究所	选育种
20	马氏珠母贝"南珍1号"	GS-01-005-2015	中国水产科学研究院南海水产研究所、广东岸华集团有限公司	选育种
21	马氏珠母贝"南科1号"	GS-01-006-2015	中国科学院南海海洋研究所	选育种
22	莫荷罗非鱼"广福1号"	GS-02-002-2015	中国水产科学研究院珠江水产研究所	杂交种
23	牡蛎"华南1号"	GS-02-004-2015	中国科学院南海海洋研究所	杂交种
24	凡纳滨对虾"海兴农2号"	GS-01-004-2016	广东海兴农集团有限公司、广东海大集团股份有限公司、中山大学、中国水产科学研究院黄海水产研究所	选育种
25	虎龙杂交斑	GS-02-004-2016	广东省海洋渔业试验中心、中山大学、海南大学、海南晨海水产有限公司	选育种
26	长珠杂交鳜	GS-02-003-2016	中山大学、广东海大集团股份有限公司、佛山市南海百容水产良种有限公司	杂交种
27	凡纳滨对虾"正金阳1号"	GS-01-006-2017	中国科学院南海海洋研究所研究员、茂名市金阳热带海珍养殖有限公司	选育种
28	凡纳滨对虾"兴海1号"	GS-01-007-2017	广东海洋大学、湛江市德海实业有限公司、湛江市国兴水产科技有限公司	选育种
29	斑节对虾"南海2号"	GS-02-002-2017	中国水产科学研究院南海水产研究所	杂交种

3. 良种推广

为加快全省水产良种化水平，提高养殖效益，省级渔业主管部门每年进行水产主导品种的征集和推广。2017年，经向全省水产技术推广机构、涉渔科研院所与高等院校、渔业龙头企业广泛征集，并经有关专家评审遴选，确定了8个水产主推品种：白金丰产鲫、斑节对虾"南海1号"、大口黑鲈"优鲈1号"、合浦珠母贝"南珍1号"、华贵栉孔扇贝"南澳金贝"、莫荷罗非鱼"广福1号"、翘嘴鳜"华康1号"、乌斑杂交鳢。

（五）水产种苗质量监测

开展种质检测，是加强水产苗种质量管理的有效措施。经过多年的科学研究和技术积累，我国已建立了重要养殖品种从形态学、细胞学、生化和分子生物学到经济性状的种质鉴定技术，形成了一批种质、亲本苗种的行业和地方标准，并建设了一批水产种质检验测试中心。这些标准和机构为加强种质、苗种质量检测提供了依据和技术力量。

1. 技术标准

全省根据实际情况，组织实施了一批水产种质、亲体、苗种及繁殖技术方面的技术标准，为保障相关苗种质量安全提供了技术依据。截至 2017 年，全省颁布的现行相关标准见表 1-5。

表 1-5　广东省水产种业相关地方标准

序号	标准号	标准中文名称	发布单位	标准状态	发布日期	实施日期
1	DB44/T 121—2001	广东鲂种苗生产技术操作规程	广东省质量技术监督局	有效	2002-01-24	2002-03-01
2	DB44/T 120—2001	广东鲂	广东省质量技术监督局	有效	2002-01-24	2002-03-01
3	DB44/T 123—2001	中华鳖种苗生产技术操作规程	广东省质量技术监督局	有效	2002-01-24	2002-03-01
4	DB44/T 137—2003	斑节对虾养殖技术规范人工繁殖技术	广东省质量技术监督局	有效	2003-07-28	2003-12-31
5	DB44/T 138—2003	斑节对虾养殖技术规范幼体培育技术	广东省质量技术监督局	有效	2003-07-28	2003-12-31
6	DB44/T 146—2003	加州鲈养殖技术规范　苗种培育技术	广东省质量技术监督局	有效	2003-07-28	2003-12-31
7	DB44/T 145—2003	加州鲈养殖技术规范　人工繁殖技术	广东省质量技术监督局	有效	2003-07-28	2003-12-31
8	DB44/T 144—2003	加州鲈养殖技术规范　亲鱼	广东省质量技术监督局	有效	2003-07-28	2003-12-31
9	DB44/T 227—2005	凡纳滨对虾养殖技术规范亲本培育技术	广东省质量技术监督局	有效	2005-02-24	2005-05-24
10	DB44/T 226—2005	凡纳滨对虾养殖技术规范亲虾	广东省质量技术监督局	有效	2005-02-24	2005-05-24
11	DB44/T 229—2005	凡纳滨对虾养殖技术规范人工繁殖技术	广东省质量技术监督局	有效	2005-02-24	2005-05-24
12	DB44/T 228—2005	凡纳滨对虾养殖技术规范幼体培育技术	广东省质量技术监督局	有效	2005-02-24	2005-05-24
13	DB44/T 235—2005	鲂鱼养殖技术规范　亲鱼	广东省质量技术监督局	有效	2005-02-24	2005-05-24
14	DB44/T 237—2005	鲂鱼养殖技术规范　人工繁殖技术	广东省质量技术监督局	有效	2005-02-24	2005-05-24
15	DB44/T 236—2005	鲂鱼养殖技术规范　苗种培育技术	广东省质量技术监督局	有效	2005-02-24	2005-05-24
16	DB44/T 233—2005	青石斑鱼养殖技术规范人工繁殖技术	广东省质量技术监督局	有效	2005-02-24	2005-05-24

序号	标准号	标准中文名称	发布单位	标准状态	发布日期	实施日期
17	DB44/T 232—2005	青石斑鱼养殖技术规范 苗种培育技术	广东省质量技术监督局	有效	2005-02-24	2005-05-24
18	DB44/T 231—2005	青石斑鱼养殖技术规范 亲鱼	广东省质量技术监督局	有效	2005-02-24	2005-05-24
19	DB44/T 332—2006	花鲈养殖技术规范 亲鱼培育技术	广东省质量技术监督局	有效	2006-06-30	2006-09-30
20	DB44/T 331—2006	花鲈养殖技术规范 苗种培育技术	广东省质量技术监督局	有效	2006-06-30	2006-09-30
21	DB44/T 334—2006	花鲈养殖技术规范 亲鱼	广东省质量技术监督局	有效	2006-06-30	2006-09-30
22	DB44/T 333—2006	花鲈养殖技术规范 人工繁殖技术	广东省质量技术监督局	有效	2006-06-30	2006-09-30
23	DB44/T 325—2006	马氏珠母贝养殖技术规范 亲贝	广东省质量技术监督局	有效	2006-06-30	2006-09-30
24	DB44/T 326—2006	马氏珠母贝养殖技术规范 亲贝培育技术	广东省质量技术监督局	有效	2006-06-30	2006-09-30
25	DB44/T 327—2006	马氏珠母贝养殖技术规范 人工繁殖技术	广东省质量技术监督局	有效	2006-06-30	2006-09-30
26	DB44/T 336—2006	锯缘青蟹养殖技术规范 人工繁殖技术	广东省质量技术监督局	有效	2006-07-019	2006-08-10
27	DB44/T 337—2006	黄鳍鲷养殖技术规范 苗种培育技术	广东省质量技术监督局	有效	2006-07-019	2006-08-10
28	DB44/T 379—2006	新对虾养殖技术规范繁殖与苗种培育技术	广东省质量技术监督局	有效	2006-10-12	2006-11-12
29	DB44/T 662—2009	须鲫养殖技术规范 人工繁殖技术	广东省质量技术监督局	有效	2009-08-06	2009-12-01
30	DB44/T 740—2010	大珠母贝人工繁殖技术规范	广东省质量技术监督局	有效	2010-03-22	2010-07-01
31	DB44/T 913—2011	企鹅珍珠贝人工繁殖技术规范	广东省质量技术监督局	有效	2011-09-08	2011-12-01
32	DB44-T 957—2011	云斑尖塘鳢	广东省质量技术监督局	有效	2011-12-06	2012-03-15
33	DB44-T 956—2011	红鳍笛鲷	广东省质量技术监督局	有效	2011-12-06	2012-03-15
34	DB44-T 955—2011	花尾胡椒鲷	广东省质量技术监督局	有效	2011-12-06	2012-03-15
35	DB44-T 954—2011	黑棘鲷	广东省质量技术监督局	有效	2011-12-06	2012-03-15
36	DB44-T 1108—2013	石斑鱼种苗配合饲料	广东省质量技术监督局	有效	2013-04-08	2013-07-15
37	DB44-T 1273—2013	对虾种苗场基本要求	广东省质量技术监督局	有效	2013-12-20	2014-03-20
38	DB44-T 1265—2013	青鱼、草鱼、鲢鱼和鳙鱼苗种场基本要求	广东省质量技术监督局	有效	2013-12-20	2014-03-20
39	DB44-T 1264—2013	罗非鱼苗种场基本要求	广东省质量技术监督局	有效	2013-12-20	2014-03-20
40	DB44-T 1428—2014	高体革鯻	广东省质量技术监督局	有效	2014-11-10	2015-02-10

2. 检测机构

水产种质检测中心是负责建立和完善水产种质评价标准，研究快速、准确的种质检测技术，加强水产种质检测和苗种质量监督工作的专业机构。目前，全省通过国家"双认证"的水产种质监督检验测试中心仅 1 家，为依托中国水产科学研究院珠江水产研究所建设的农业部水产种质监督检验测试中心（广州）。

四、水产品加工

2017年，广东省水产品加工企业数量1 047个，水产加工能力232.2万吨/年，同比下降6.54%。用于加工的水产品总量为182万吨，同比增长2.98%；水产加工品总量152.5万吨，占全国水产品加工产量的6.95%；水产品加工产值233.1亿元，合计占广东省渔业产值的17.8%。其中，海水加工产品113.6万吨，同比变化不大，占水产加工品总量的75.8%；淡水加工产品36.3万吨。当年水产品加工率为21.70%，海水产品加工率为28.5%，淡水产品加工率为13.7%。水产品加工业已成为全省渔业经济的主导行业。

（一）水产加工业的产量与产值

2017年，广东省水产品加工总量为152.5万吨，全国排名第六，排在前五名的省份分别是山东、福建、辽宁、浙江、江苏。2017年，广东省渔业总产量833.5万吨，产量排名全国第二。其中，用于加工的只有185.3万吨，加工比例为22.2%，排名在全国第七位，尚未达到全国的平均水平41.6%。相比山东、辽宁、福建这些加工大省，更是有着很大的差距。2017年，广东省渔业产值达1 306.6亿元，产值排名第三；而加工产值仅占渔业产值的17.84%。表明广东省虽是个渔业大省，但是离水产品加工强省还有很大的距离。而且广东省水产的加工比例一直靠后，前进的动力不足，这与广东省的实际情况有关。如广东省的产品多以鲜活销售至全国；广东省的来料相比辽宁、山东少得多，但也从侧面反映了广东省水产品加工产业的发展仍需要加入更多的助力（表1-6）。

表1-6　2017年我国重点省份的水产品加工状况

省份	水产品总产量（万吨）	水产加工品总量（万吨）	用于加工的水产品量（万吨）	加工率（%）	渔业产值（亿元）	加工产值（亿元）	加工产值占渔业产值比例（%）
全国	6 445.3	2 196.3	2 680.0	41.6	12 313.8	4 305.1	35.0
山东	868.0	699.4	782.9	90.2	1 571.1	1 076.9	68.6
福建	744.6	367.8	421.7	56.6	1 247.7	904.9	72.5
辽宁	479.4	244.8	366.4	76.4	671.7	262.9	39.1
浙江	594.5	208.4	239.4	40.3	1 000.0	608.1	60.8
江苏	507.6	164.0	162.7	32.1	1 699.9	256.4	15.1
广东	833.5	152.6	185.3	22.2	1 306.6	233.1	17.8
湖北	465.4	114.3	202.9	43.6	1 185.4	381.9	32.2
广西	320.8	71.8	75.9	23.7	498.9	52.6	10.5

（二）水产加工能力

2017年，全省有水产加工企业1 046个，水产品年加工能力达233.8万吨；大中小型水产冷库（包括冰厂、冷库）共有539座，年冻结能力达2.2万吨/日、冷藏能力达35.2万吨/次、制冰能力达3.7万吨/日。这些水产冷库为全省水产品保鲜和渔业用冰提供了充实的物质基础，使全省水产品冷藏链的硬件建设具有相当规模，基本满足全省水产品冷冻加工和冷藏保鲜的需要，但是与其他水产品加工大省的加工能力差距明显（表1-7）。

表1-7　2017年我国水产品冷冻企业的发展和生产能力

项　目	全国	广东省	山东省	福建省	辽宁省	浙江省
加工企业（个）	9 674	1 046	1 754	1 182	904	2 019
规模以上企业（个）	2 636	163	575	400	369	276
加工能力（万吨）	2 926.2	233.8	888.4	498.5	308.3	260.3
冷库数（座）	8 237	539	1 933	780	627	1 308
冻结能力（万吨/天）	93.7	2.2	32.2	7.9	6	7.6
冷藏能力（万吨/次）	465.7	35.2	155.5	43.4	52.2	81.1
制冰能力（万吨/天）	23.4	3.7	5.5	2	1.9	2.9

（三）水产品加工能力分布

2017年，全省水产品加工企业1 047家，合计产值约132亿元，相当于全省渔业经济总产值的17%左右，在全省渔业产业化经营中占重要的位置。目前，全省年规模以上加工企业有162家（主营业务收入在500万元），其中涉及加工型企业超过50家，渔业龙头企业在带动整个海洋与渔业行业的发展，推动渔业产业化经营和渔业经济结构调整，发展对外贸易，促进渔民增收、渔业增效、水产品市场竞争力提高等方面起到举足轻重的作用。如广东何氏水产有限公司，是我国市场辐射最广、规模最大的淡水优质活鱼冷链物流企业，实现了南鱼北调，将占全国2/3的加州鲈运往全国各地。该企业为集淡水鱼养殖、研发、收购、暂养、物流配送为一体的综合性企业，主导水产品有桂花鱼、加州鲈、黄骨鱼、鲫等品种，配送网络遍及国内40多个城市及港澳地区。水产品原料的加工率为20.8%，179.2万吨（表1-8）。

表1-8　2017年全省主要城市的水产品加工能力分布

单位：吨

指标	全省	湛江市	茂名市	汕尾市	阳江市	汕头市	江门市	肇庆市	佛山市
水产加工企业	1 047	201	206	55	37	63	93	10	9
规模以上加工企业	162	33	18	21	19	8	13	5	7

（续）

指标	全省	湛江市	茂名市	汕尾市	阳江市	汕头市	江门市	肇庆市	佛山市
水产加工能力	2 321 662	499 261	581 860	137 666	285 477	191 190	111 920	78 137	94 612
水产加工品总量	1 498 717	370 950	294 786	188 473	179 854	153 912	74 744	43 860	36 079
水产冷库	537	112	28	64	56	76	50	9	31
冻结能力	22 334	7 585	6 441	630	1 690	1 517	942	181	1 845
冷藏能力	349 331	107 267	52 953	9 242	16 760	43 403	36 120	6 775	54 510
制冰能力	37 914	23 616	4 690	1 022	1 599	3 623	1 365	30	125

（四）水产品加工种类分布

全省水产加工业从本质上发生了根本的变化，水产加工整体规模不断扩大，包括渔业制冷、冷冻加工品、干制品、鱼糜制品、罐头、腌熏品、鱼粉、藻类食品和医药化工等一系列产品加工体系已基本形成。广东省的水产加工品主要以冷冻水产品为主，占水产加工品总量的70.5%。其中，冻鱼和冻鱼片、冻去头虾、冻虾仁、冻鲍鱼、冻扇贝等冷冻水产品以出口为主、内销为辅，出口量逐年递增，冷冻加工在水产品加工中起到了支柱作用。2017年，全省主要城市的水产品加工品种和产量见表1-9。年产量接近或超过10万吨以上的城市有湛江市、茂名市、汕尾市、阳江市、汕头市，分别占全省水产加工品产量的24.8%、19.7%、12.6%、12.0%和10.3%。这5市占据全省水产品加工量近80%。可见，广东省水产品加工产业高度集中在这些沿海城市。冷冻水产品加工产地同样分布在湛江市、茂名市、阳江市、汕头市、汕尾市这5市，其冷冻水产品的产量均超10万吨以上（表1-9）。

表1-9　2017年全省主要城市的水产品加工品种和产量

单位：吨

指标	全省	湛江市	茂名市	汕尾市	阳江市	汕头市	江门市	肇庆市	佛山市
淡水加工产品	363 048	43 636	81 524	16 627	17 226	10 841	25 054	43 860	36 079
海水加工产品	1 135 669	327 314	213 262	171 846	162 628	143 071	49 690	0	0
（一）水产冷冻品	1 076 774	322 884	186 744	109 385	128 193	115 582	41 703	43 847	16 887
（二）鱼糜制品及干腌制品	183 493	21 015	29 916	52 307	31 508	10 883	4 998	0	797
（三）藻类加工品	4 841	0	61	3 047	0	1 670	50	0	0
（四）罐制品	38 319	22	0	7 905	1 428	429	7 156	13	18 300
（五）水产饲料（鱼粉）	85 094	23 734	36 243	2 220	15 358	335	104	0	0
（六）鱼油制品	46	27	0	0	0	19	0	0	0

（续）

指标	全省	湛江市	茂名市	汕尾市	阳江市	汕头市	江门市	肇庆市	佛山市
（七）其他水产加工品	110 150	3 268	41 822	13 609	3 367	24 994	20 733	0	95
对虾	182 398	109 855	3 890	0	14 200	25 000	10 053	0	0
罗非鱼	354 222	47 559	167 113	0	11 665	150	9 086	69 076	490
鳗	9 433	397	0	0	7	100	422	0	8 350

　　近年来，全省海洋管理部门把发展水产加工业作为发展海洋经济和渔业结构战略性调整的大事来抓，通过内引外联，吸引外资，引导扶持，开拓国内外市场，使水产加工业迅猛发展，前景十分广阔。目前，包括渔业制冷、冷冻加工品、干制品、鱼糜制品、罐头、腌熏制品、鱼粉、藻类食品和医药化工等一系列产品加工体系已基本形成。水产品加工业的发展，对水产品出口贸易起到了很大的推动作用，并形成了对虾、罗非鱼、烤鳗、罐头制品等一系列具广东特色的出口创汇拳头产品。广东省的水产加工种类主要以冷冻水产品为主，2017年冷冻水产品的产量达107万吨，占水产加工品总量的71.0%。

　　2017年，广东省罗非鱼出口额占全国罗非鱼出口总额的55.66%，是全国最大的罗非鱼生产基地。广东省罗非鱼养殖区域主要集中在粤西的茂名市和湛江市，产量接近全省的50%，加工出口企业也主要集中在以上两地。其中，被誉为"中国罗非鱼之都"的茂名市已是中国最大的罗非鱼生产加工基地，年产量约占全国的1/8，占全球的1/12，逐渐形成了连片集中、规模化、集约化、标准化的养殖加工基地。已经发展成从苗种繁育、养殖生产、加工出口相对完整的产业链。我国已经成为全球最大的罗非鱼生产、加工出口基地。广东湛江恒兴水产科技有限公司、湛江市国溢水产有限公司、电白晨兴食品有限公司、茂名新洲海产有限公司、广东雨嘉水产食品有限公司、茂名市海名威水产科技有限公司、茂名海亿食品有限公司、广东高要振业水产有限公司等一大批具有竞争力的罗非鱼龙头加工企业，初步形成区域集聚格局，并呈现出产业分工和价值分工的雏形。

　　对虾加工的第一大市是湛江市，全省60%的对虾产品在该市生产；全省罗非鱼加工量有35万吨，茂名市、肇庆市、湛江市合计占全省罗非鱼的加工量的80%；全省80%以上的鳗产品是来自佛山市。鱼糜制品的主要产地是阳江市、茂名市、汕尾市、汕头市；腌制品产地主要是汕尾市和湛江市；海藻生产主要产区集中在汕尾及汕头市，产量占全省海藻产品的97.4%；佛山市和中山市则是罐头产品的主产地。

（五）水产品品牌建设

　　广东省坚持实施品牌升级战略，树立广东省水产品品牌，把品牌建设作为渔业转方式、调结构的关键环节，积极与各地市及相关行业协会合作互动，组织开展"一月一品牌"活动，激发各地政府、主管部门、行业协会和企业参与渔业品牌建设的积极性。在与北京"产销对接"的成功模式基础上，总结何氏水产活鱼低温冷藏运输模式，推广广东省水产品品牌。探索与重点城市开展"产销对接"，吸引更多国内外水产品批发市场成为全省产销对接的合作单位，引导更多生产经营企业建立"产销对接安全水产品创建单位"。2017年，先后组织了中山脆肉鲩、顺德均安草鲩、东莞笋壳鱼、茂名罗非鱼、清远北江特色渔业、湛江对虾、梅州客都草鱼、广州南沙青蟹、肇庆罗氏沼虾、汕头紫菜、阳西县程村蚝、深圳沙井蚝等12场品牌推广会，组织国内外知名品牌专家、行业权威人物传经送宝，共计超过3 000人次参加了品牌推广会。此外，广东省海洋渔业厅积极组织企业参展广州渔业博览会、青岛渔业博览会、第十四届中国国际农产品交易会、2017年中国海洋经济博览会，促进广东省水产品品牌的升级创新、提质增效，推动广东省渔业转型升级。

五、水产品流通

2017年，广东省渔业流通业总产值为1 442.5亿元，占全国渔业流通业经济总值的21%，位居全国之首，占广东省渔业经济总产值的45%。广东省约有90个水产品交易（批发）市场，年交易量500万吨左右，交易额约750亿元。产区批发市场主要以海洋捕捞和海水养殖为依托，从初级码头批发向入室批发转型，销区批发市场主要集中在人口稠密的珠三角核心地区。广东省优质水产品，以各种方式运输至国内其他省市大中城市，实现了"南鱼北调"，开辟省外销售渠道，满足全国各地水产品消费需求。近些年涌现一些大的或较大的水产品物流配送企业，水产品流通运输业呈现蓬勃发展态势。

（一）渔业流通运输业发展基本情况

2017年，广东省渔业流通运输业经济总产值为1 398.4亿元，占全国渔业流通和服务业经济总值的24%，位居全国之首。排在广东省后面的省份分别是江苏、山东、浙江、福建和辽宁。广东省渔业流通业产值占广东省渔业经济总产值的44.5%。流通和运输比例表明，广东省主要专注于水产流通行业（98%），而仓储运输领域仅占小部分，与其他省份相比特色更为鲜明。其他省份，如山东省仓储运输占该省流通运输业的比例达到17%。这主要是因为广东省活鱼和鲜鱼的长途运输技术得到很大的改善，从广东省发往全国各地的水产品流通量日益增长，广东省当之无愧地成为我国渔业流通运输业的大省（表1-10）。

表1-10　2017年我国重点省份渔业流通运输业状况

单位：亿元

地　区	流通运输	水产流通	水产（仓储）运输	该省渔业经济产值	占全国渔业流通业产值比例（%）	占该省渔业经济总产值比例（%）
全国	5 816.4	5 443.9	372.5	24 761.2	—	23.5
广东省	1 398.4	1 380	18.4	3 146	24.0	44.5
江苏省	957.4	916.6	40.8	3 221.5	16.5	29.7
山东省	748.8	615.8	133	3 146	12.9	23.8
浙江省	494.1	470.3	23.8	2 285.2	8.5	21.6
福建省	465.2	443	22.2	2 800	8.0	16.6
辽宁省	286.5	250	36.5	1 326.4	4.9	21.6

数据来源：2018年中国渔业年鉴。

（二）水产品批发市场与分布

广东省水产品批发市场，包括市场批发、产区批发和销区批发。据不完全统计，2017年全省约有90个水产品交易（批发）市场，年交易量500万吨左右，交易额约750亿元；产区批发主要以海洋捕捞和海水养殖为依托，从初级码头批发向入室批发转型；销区批发则主要集中在人口密集的珠三角核心地区的广州市、深圳市、佛山市、东莞市，销区较大的水产批发市场还有深圳布吉海鲜批发市场、深圳罗芳水产批发市场等。湛江市和佛山市是省内流通运输业最发达的地区，两者合占全省流通运输业的60%份额（表1-11）。

湛江市水产品产区批发集中地。湛江市渔产量全省最高，产区批发规模最大，优势品种南美白对虾年产25万～30万吨，约占广东省对虾总量的50%，形成全国最重要的对虾集散地。2017年，南美白对虾交易量约25万吨。湛江市主要还有经营活海鲜和冻品的霞山水产交易市场，经营冰鲜虾和冻品的南方水产交易中心等。以海洋产品为主和产区批发市场较大的还有阳江闸坡水产交易市场、电白博贺水产交易市场、珠海斗门白滕头水产交易市场、饶平洪洲贝类交易市场等。

销区批发主要集中在人口密集的珠三角核心地区的广州市、深圳市、佛山市、东莞市。上述4市有5 000多万常住人口，约占全省常住人口的50%，而且人口城市化高度集中，非农业人口比例逐年提高，城乡差距逐年减少。上述4市水产品终端消费每年约有365万吨，这就从刚性需求上刺激了水产批发市场的发展。广州市形成以黄沙水产交易市场群、一德路海味干果交易市场集散群、广州鱼市场的冰鲜和冻鱼，以及黄埔、新港的水产冷链供应群，极大地满足了本地及珠三角乃至全国各地的需求。同时做到品种应有尽有，大力拓展外贸，进口优质或特色品种，保障供应。销区较大的水产批发市场还有深圳布吉海鲜批发市场、深圳罗芳水产批发市场、佛山南海盐步环球水产交易市场、大沥桂江农产品综合交易市场、顺德三山水产交易市场、东莞虎门水产交易市场、东莞金桥水产交易市场等（表1-11）。

表1-11　2017年广东省主要城市的渔业流通业分布

单位：万元

地　区	渔业总产值	水产流通产值	水产（仓储）运输	渔业流通总产值	占全省比例（%）
广东省	19 579 417	3 716 260	183 531	4 044 062	—
湛江市	4 457 612	1 211 921	3 541	1 217 741	30.1
佛山市	2 580 920	1 071 788	120 902	1 194 544	29.5
茂名市	1 446 133	293 307	3 859	299 419	7.4
汕头市	1 136 917	236 308	1 376	238 324	5.9
汕尾市	1 006 868	91 932	21 415	162 227	4.0
中山市	832 796	140 769	5 937	148 531	3.7
东莞市	215 699	133 580	0	139 097	3.4
珠海市	893 512	106 170	0	108 521	2.7

数据来源：广东省海洋与渔业厅。

（三）广东省活鱼长途运输的发展

广东省在流通加工企业与渔港渔船、养殖基地的渔民水产品销售交易业务日益增多，派生出一批水产品购运企业、专业户，搭建成市场与产区间的购销桥梁，构建成水产品购运队伍，开拓"多渠道、少环节""入渔区购运""到塘头捕捞、转运"等业务，保证水产品流通渠道顺畅。在产区建设"暂养净化场"，通过流水暂养净化，低温充氧包装，汽车陆运至全国各大中城市；在沿途选择水质好、交通方便地方设置"暂养点"，对运销商品鱼进行暂养、换水、加冰、包装；确保远程运输成活率。组织鲜活海鲜、河鲜、冰鲜或养殖名优品种，以各种方式运输至国内其他省市大中城市，开辟省外销售渠道，满足全国各地对水产品的消费需求。由于市场需求巨大，近年涌现一些大的或较大的水产品物流配送企业。如在淡水产品最多的佛山市，涌现何氏、三山、潮汇、八达、勇记等水产品物流配送企业。如何氏年配送量超过 5 万吨，营业总额超过 10 亿元，其运用的低温活鱼运输技术，保活时间达到 72 小时，成活率达 99％以上，最远可运到甘肃省兰州市、黑龙江省哈尔滨市。2017 年 9 月 20 日，北京市食药监管部门和农业部门与广东省食药监管部门和渔业部门共同签署了《京粤两地加强区域间鲜活水产品产销对接监管合作框架协议》。这是全国首个跨部门、跨省区加强联合监管的重大突破。广东省何氏水产等 5 家产销联合体，以鲜活水产品智慧冷链物流运输模式为载体，与北京市开展"产销对接"，每天来自广东的活鱼超过了北京市场份额的 80％。党的十九大胜利召开期间，来自广东何氏水产的鲈、佰大科技公司的熟南美白对虾走上参会代表的餐桌，这也是会议代表首次吃到鲜活水产品。

六、水产品捕捞

（一）产业现状

广东省位于中国大陆最南部，管辖海域面积45万平方千米，占南海总面积的20.8%，拥有4 114千米的大陆海岸线，占全国的16.7%。海区终年无冬，热带、亚热带气候特征明显，非常有利于水生生物的生长和繁育。内陆河流纵横、水网交织，中国第三大河珠江流经境内并入海。优越的自然条件，为捕捞渔业发展奠定了良好基础。

2017年，广东省水产品捕捞总产量160.94万吨，比上年降低2.38%。其中，远洋渔业产量4.77万吨，比上年增长5.65%，占全国总产量的2.29%，产量低于浙江省、山东省、福建省、辽宁省和上海市，排名全国第六位；海洋捕捞（不含远洋）产量144.14万吨，比上年降低2.65%，占全国总产量的12.96%，产量低于浙江省、山东省和福建省，排名全国第四位；淡水捕捞产量12.04万吨，比上年降低2.05%，占全国总产量的5.51%，产量低于江苏省、湖北省、安徽省和江西省，排名全国第五位。2017年，广东省共有专业捕捞人员25.07万人。其中，海洋专业捕捞人员21.81万人，排名全国第一位。广东省远洋渔业发展水平与广东经济和渔业大省的地位并不相称，捕捞渔业总体竞争力有待提高（表1-12）。

表1-12 2017年广东省及我国重点省份捕捞渔业产量

地区	远洋渔业		海洋捕捞		淡水捕捞	
	产量（吨）	占比（%）	产量（吨）	占比（%）	产量（吨）	占比（%）
全　国	2 086 200	100	11 124 203	100	2 182 973	100
广东省	47 700	2.29	1 441 363	12.96	120 370	5.51
浙江省	467 900	22.43	3 093 263	27.81	113 524	5.20
山东省	431 300	20.67	1 749 591	15.73	83 730	3.84
福建省	428 200	20.53	1 743 208	15.67	68 925	3.16
辽宁省	285 400	13.68	552 000	4.96	45 600	2.09
上海市	129 900	6.23	14 801	0.13	1 431	0.07

（二）捕捞品类

广东省海洋捕捞水产品，包括鱼类、甲壳类、贝类、藻类、头足类和其他类。2017年，海洋捕捞总产量 144.14 万吨。其中，鱼类产量 102.16 万吨，比上年降低 3.89%，占总产量的 70.88%；甲壳类产量 23.46 万吨，比上年降低 2.95%，占总产量的 16.27%；贝类产量 5.43 万吨，比上年增长 1.63%，占总产量的 3.76%；藻类产量 0.64 万吨，比上年降低 11.92%，占总产量的 0.45%；头足类产量 7.62 万吨，比上年降低 0.25%，占总产量的 5.29%；其他类产量 4.83 万吨，比 2016 年增长 24.56%，占总产量的 3.35%。海洋捕捞鱼类中，带鱼、蓝圆鲹、海鳗产量居前 3 位，分别为 15.76 万吨、10.42 万吨和 7.40 万吨，分别占鱼类产量的 15.43%、10.20% 和 7.25%；甲壳类中，虾、蟹产量分别为 15.17 万吨和 8.29 万吨；头足类中，鱿鱼、墨鱼、章鱼产量分别为 3.33 万吨、1.80 万吨和 1.42 万吨；其他类中，海蜇产量 1.59 万吨（图 1-3）。

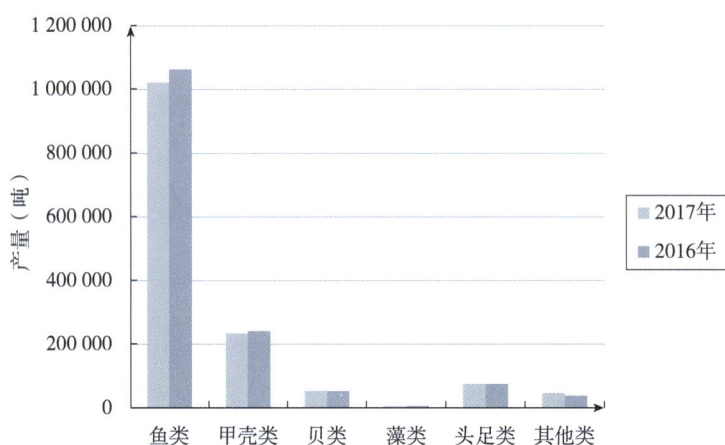

图 1-3　2016—2017 年广东省海洋捕捞品类及产量

广东省淡水捕捞水产品，包括鱼类、甲壳类、贝类和其他类。2017 年，淡水捕捞总产量 12.04 万吨。其中，鱼类产量 7.58 万吨，比上年降低 3.98%，占总产量的 62.95%；甲壳类产量 1.11 万吨，比上年降低 9.68%，占总产量的 9.24%；贝类产量 3.26 万吨，比上年增长 5.86%，占总产量的 27.05%；其他类产量 0.09 万吨，比上年增长 2.23%，占总产量的 0.76%。淡水捕捞甲壳类中，虾、蟹产量分别为 0.83 万吨和 0.28 万吨。2017 年，广东省远洋渔业产量 4.77 万吨。其中，金枪鱼和鱿鱼产量分别为 2.02 万吨和 0.12 万吨（图 1-4）。

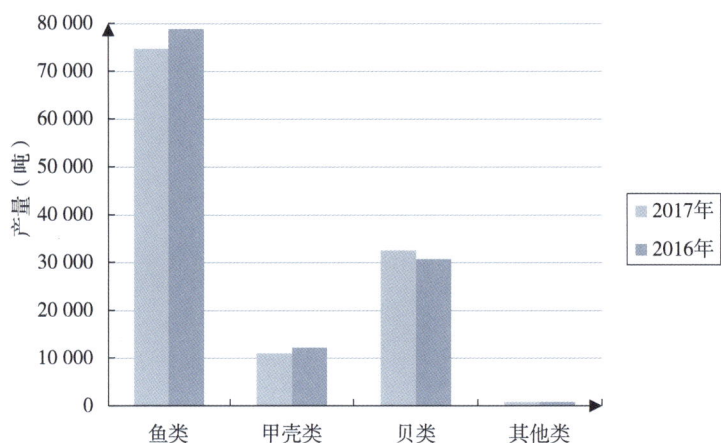

图 1-4　2016—2017 年广东省淡水捕捞品类及产量

（三）作业类型

2017年，广东省共有海洋机动捕捞渔船（包含远洋）3.75万艘，总吨位88.98万吨，总功率188.96万千瓦，捕捞产量（不含远洋）144.14万吨。其中，小型渔船（功率<44.1千瓦）28 624艘，占76.41％；中型渔船（44.1千瓦≤功率<441千瓦）8 406艘，占22.44％；大型渔船（功率≥441千瓦）430艘，占1.15％（表1-13）。

表1-13　2017年广东省海洋捕捞机动渔船和产量

作业类型	数　量		吨　位		功　率		产　量	
	艘	％	总吨	％	千瓦	％	吨	％
拖网	4 770	12.73	390 417	43.87	831 901	44.03	736 851	51.12
刺网	26 238	70.04	307 239	34.53	678 327	35.90	423 585	29.39
围网	1 299	3.47	108 421	12.18	174 239	9.22	133 828	9.28
钓业	1 881	5.02	48 269	5.42	117 036	6.19	87 167	6.05
张网	308	0.82	1 577	0.18	4 568	0.24	7 027	0.49
其他	2 964	7.91	33 923	3.81	83 502	4.42	52 905	3.67
合计	37 460	100	889 846	100	1 889 573	100	1 441 363	100

广东渔船的作业类型，包括拖网、刺网、围网、钓业、张网和其他。按数量统计，刺网、拖网、钓业居前3位，分别为26 238艘、4 770艘和1 881艘，分别占总量的70.04％、12.73％和5.02％；按吨位统计，拖网、刺网、围网居前3位，分别为39.04万总吨、30.72万总吨和10.84万总吨，分别占总吨位的43.87％、34.53％和12.18％；按功率统计，拖网、刺网、围网居前3位，分别为83.19万千瓦、67.83万千瓦和17.42万千瓦，分别占总功率的44.03％、35.90％和9.22％；按产量统计，拖网、刺网、围网居前3位，分别为73.69万吨、42.36万吨和13.38万吨，分别占总产量的51.12％、29.39％和9.28％。

（四）主要工作进展

1. 稳步推进渔民减船转产和渔船更新改造

2017年1月，农业部印发《农业部关于进一步加强国内渔船管控实施海洋渔业资源总量管理的通知》，明确了2015—2020年全国海洋捕捞渔船压减指标和以船长为标准的渔船新分类方法。广东省需在2020年以前压减船数4 782艘、功率245 250千瓦。其中，大中型渔船（船长≥12米）1 463艘、功率207 634千瓦；小型渔船（船长<12米）3 319艘、功率376 161千瓦。2020年，广东省海洋大中型捕捞渔船控制指标为船数9 530艘、功率数1 403 983千瓦；捕捞产量控制数为1 137 842吨。

2017年2月，省政府印发《广东省现代渔业发展"十三五"规划》。根据规划，全省将优化捕捞业空间布局，削减内陆和近海捕捞，加快发展外海渔业，有序发展远洋渔业；调减控制捕捞业，积极转变捕捞生产方式，严格执行海洋伏季休渔、珠江禁渔、海洋渔船"双控"、内陆渔船总量控制等制度，积极推进捕捞渔民转产转业，逐步减少渔船数量和功率总量。推动大中型渔船钢质化、小型渔船玻璃钢化建设，重点支持外海作业渔船、大中型老旧渔船更新改造，海洋渔船通导与安全装备配备及升级改造，建立全省统一渔船监控系统及数据处理中心。到 2020 年，全省完成不少于 3 500 艘海洋捕捞渔船的更新改造。

2017 年，广东省渔船更新改造和减船转产工作稳步进行。年末拥有国内海洋捕捞机动渔船 37 295 艘、功率 1 764 039 千瓦，相比 2016 年船数减少 1 856 艘、降低 4.74%，功率减少 91 405 千瓦、降低 4.93%；拥有内陆捕捞机动渔船 11 314 艘、功率 103 350 千瓦，同比船数增加 15 艘、升高 0.13%，功率减少 25 831 千瓦、降低 20.00%；捕捞专业从业人员 250 698 人，同比减少 6 760 人、降低 2.63%。

2. 以现代渔港建设为支点推动渔村振兴

2012 年以来，广东省级财政安排 11 亿元建设一批示范性渔港和区域性避风锚地。2017 年 2 月，广东省海洋与渔业厅印发了《广东省现代渔港建设规划（2016—2025 年）》，同月，广东省政府发布的《广东省现代渔业发展"十三五"规划》，也将渔政渔港基础设施建设列为"十三五"时期广东渔业的十大重点工程之一。根据规划，全省将以现有渔港的改扩建为主线，以提升避风能力和综合服务功能为核心，重点建设区域性避风锚地 6 座、示范性一级渔港 10 座、二级渔港 33 座、三级渔港 29 座，到 2025 年基本建成以区域性避风锚地、示范性一级渔港为核心、以二、三级渔港为基础的防台避风能力强、布局合理、功能完善、管理有序、生态良好的现代渔港新体系，形成"一轴、三区、多群"的空间布局结构，基本满足全省海洋渔船就近安全避风的需要，保障水产品安全稳定供给，逐渐实现渔港功能多元化，促进渔业增效、渔民增收和渔区社会经济和谐发展。

2017 年，全省共有 13 个现代渔港和 4 个油补渔港项目在建；建成渔港高清视频监控系统和渔业船舶信息管理系统，渔业信息化水平走在全国前列。至 2017 年年底，全省共有大小渔港 104 座。其中，中心渔港 8 座，一级渔港 11 座（新增 4 座）、二级渔港 25 座、三级及以下渔港 60 座。渔船安全避风容量 19 500 艘，有效避风率 31.51%，同比增长 10.50%。下一步，全省将以现代渔港建设为支点，大力实施渔村振兴战略。推动将渔港建设纳入当地政府和有关部门约束性指标进行目标责任考核；加大渔港公益性设施建设的资金扶持，渔业油价补贴要向渔港建设、维护和管理倾斜；探索建立渔港港长制，推进渔业执法关口前移，实施以渔港为中心的综合监管；推动将渔港经济区纳入乡村振兴整体规划，大力发展渔港经济区；加强渔港生态环境整治，推动美丽渔港建设。

3. 加快实施远洋渔业综合保障等重点工程

广东省从 1989 年开始发展远洋渔业，是全国远洋渔业起步较早的省份之一。20 世纪 90 年代，全省拥有远洋渔船 300 多艘，占了全国的半壁江山。但自 2000 年以来，全省远洋渔业发展无论是船队规模还是综合经营能力和水平，都在低谷中徘徊。近年来，随着各种政策的激励和支持，全省的远洋渔业逐步"回暖"。

2017 年 2 月，广东省政府发布的《广东省现代渔业发展"十三五"规划》，将远洋渔业综合保障列为"十三五"时期广东渔业的十大重点工程之一。此外，全省还明确了远洋渔业的发展思路，即鼓励综合型人才的介入、各方面资金的投入和产业链的发展；鼓励整合兼并重组，引入大企业集团参与完善产业链的发展；强化海洋捕捞能力、规划好属地水产品冷藏加工与后勤补给基地建设，提高水产品附加值，增加国外优质水产品运回国内，丰富国内"菜篮子"；着力延长产前、产中、产后的整个产业链，充分融合远洋渔业的一、二、三产业发展，在国内外建立基地，与"一带一路"沿岸国家实现互利共赢、互通互联，为"一带一路"倡议做出贡献。

2017年，广东省共有远洋渔船165艘，相比2016年减少6.78%；功率103 350千瓦，同比增长10.86%；捕捞产量4.77万吨，同比增长5.65%；捕捞产值9.08亿元，同比增长13.41%。全省远洋渔业的主捕品种为金枪鱼、鱿鱼，捕捞产量中的2.09万吨运回国内，同比增长38.84%；2.68万吨出口国外，同比减小10.98%。全省远洋渔船数量、产量和产值分别占全国的6.70%、2.29%、3.85%，远远落后于浙江、福建、山东等远洋渔业大省。2017年，全省开工新建远洋渔船13艘，其中，4艘延绳钓渔船、8艘围网渔船、1艘钓具渔船；更新改造3艘围网渔船，落实补贴资金4 130万元。

4. 顺利完成南海休渔和珠江禁渔任务

2017年是农业部南海伏季休渔和珠江禁渔制度调整实施的第一年，南海伏季休渔较往年延长1个月，历时3个半月（5月1日至8月16日）；珠江禁渔由原来的每年4月1日至6月1日调整为3月1日至6月30日。

据统计，2017年广东省应休渔船数为40 633艘（不含港澳流动渔船），免休渔船数为1 524艘，禁渔渔船数为12 312艘。2017年的休、禁渔时间长、渔船数量多，号称"史上最严"。广东省渔政推动部门联动执法和建立区域执法联动机制，坚持执法与宣传相结合，确保南海伏季休渔和珠江禁渔执法任务的顺利完成。休、禁渔期间总体态势平稳可控，没有出现渔船集体冲港等违反休、禁渔制度的重大事件。

据统计，休、禁渔期间广东省渔政部门共向警方移送涉刑案73宗，刑拘104人。其中，在珠江禁渔期间，广东渔政共出动执法人员14 793人次，执法船艇2 821艘次，执法车辆1 657辆次，检查渔船1 828艘次；查获违规渔船145艘，没收"三无"船舶41艘，电鱼工具229套，没收渔获物2 334千克，罚没款8.61万；清拆滩边罟万余米，迷魂阵844起，没收各类渔网及虾笼等其他违规渔具7 708张（个），向警方移送涉刑案件38宗，刑拘53人。在南海休渔期间，广东共出动执法船艇6 102艘（次）、执法人员30 160人（次），查获违反休渔期规定案件1 393宗，清理违规网具1 781张，绝户网152 780米，收缴"三无"船320艘，移交警方案件35宗，刑拘51人。

七、休闲渔业

（一）发展概况

休闲渔业是一种比较新的渔业方式，是指以渔业资源、渔业设施设备、渔业文化、渔业知识、渔业技能为依托，以休闲娱乐服务为产品的产业。休闲渔业是一、二、三产业的结合，因此被称为"第六产业"。

广东省休闲渔业方式主要包括内陆垂钓采集、海域游钓、钓饵钓具、观赏渔业等，其他如体验型、表演型、节庆风俗型等休闲渔业方式则尚未形成规模，水族馆、竞技钓、水族器材与辅助用品等休闲渔业相关行业发展较好。

根据调查推算，广东省休闲渔业 2017 年销售总额为 46.7 亿元（占 2017 年全省渔业经济总产值 3 146 亿元的 1.48%）。其中，垂钓采集产业 15.2 亿元，观赏鱼产销 29.5 亿元，旅游导向休闲渔业（仅统计水族馆海洋馆类）2 亿元以上。

休闲渔业带动的辅助类和延伸类产业，2017 年产销额为 68 亿元。其中，钓饵、钓具等垂钓用品、用具总销售额约为 25 亿元，水族器材和辅助用品本地销售额为 43 亿元。省内生产钓饵产品约 10 亿元，生产水族器材与辅助用品约 120 亿元。其中，出口额约 90 亿元，未计入休闲渔业带动产业的产销总额。

全省共有 14 家经营实体被认定为"全国休闲渔业示范基地"，38 家经营实体认定为"广东省休闲渔业示范基地"，获命名"国家级示范性渔业文化节庆（会展）"3 家。

（二）产业结构

观赏渔业占据优势地位是广东省休闲渔业的主要特点。

1. 观赏渔业

据调研分析，2017 年广东省观赏鱼总产值（等同于总销售额）29.5 亿元，从业者人数约 10 万人，主要产区为珠江三角洲地区，大宗产销品种为锦鲤、鹦鹉鱼、亚洲龙鱼、银龙鱼等品种。观赏鱼产业带动器材与辅助用品年消费近 50 亿元，带动运输业产值 6 亿~7 亿元。

（1）观赏鱼产品　广东省 2017 年观赏鱼销售额排位，依次是锦鲤、鹦鹉鱼、银龙鱼、亚洲龙鱼、海水观赏鱼（近百种类之总和）、其他慈鲷（除鹦鹉鱼、神仙鱼、七彩神仙鱼外）、鲇形目观赏鱼、金鱼等。其中，锦鲤占据绝对优势地位（表 1-14）。

表1-14 2017年观赏鱼品种产值构成比例

品种类别	2016年产销值（万元）	2017年产销值（万元）	2017年主要品种占总产值比例（%）	2017年比上年增长（%）
锦鲤	120 000	120 000	40.68	0.00
金鱼	2 000	4 000	1.36	100.00
亚洲龙鱼	20 000	20 000	6.78	0.00
银龙鱼	20 000	20 000	6.78	0.00
鹦鹉鱼	20 000	20 000	6.78	0.00
淡水虹	3 000	1 000	0.34	−66.67
七彩神仙鱼	3 000	3 000	1.02	0.00
神仙鱼（燕鱼）	3 000	3 000	1.02	0.00
其他慈鲷	10 000	18 000	6.10	80.00
灯科鱼	5 000	6 000	2.03	20.00
鲇形目观赏鱼	10 000	12 000	4.07	20.00
海水观赏鱼及无脊椎动物	20 000	20 000	6.78	0.00
其他观赏鱼	45 000	48 000	16.27	6.67
总计	281 000	295 000		4.98

注：产销值＝生产环节实现销售额＋流通环节实现的增加值。

与2016年相比，2017年观赏鱼总产值增长14 000万元，增长率4.98%。主要品种中，金鱼、其他慈鲷增长明显，淡水虹下滑显著（图1-5）。

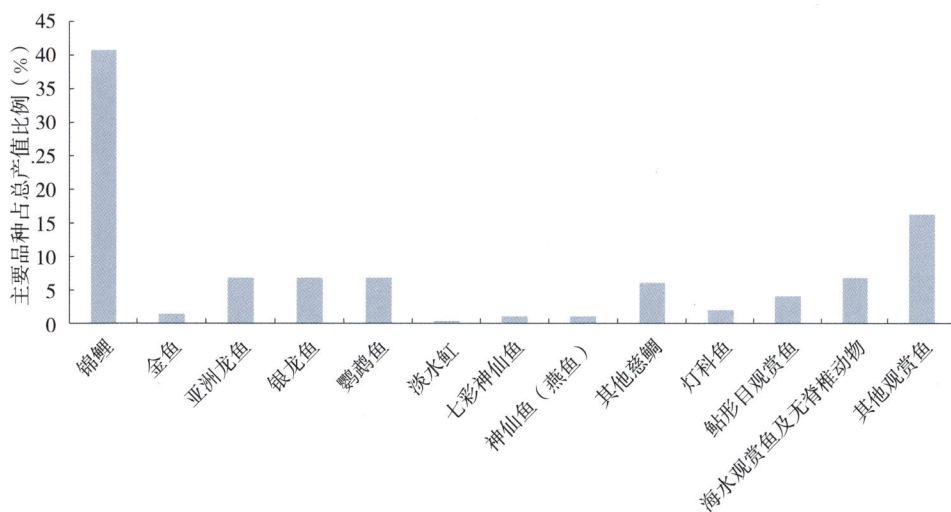

图1-5 2017年广东省观赏鱼产品构成比例

（2）观赏鱼生产地区分布 广东省的观赏鱼生产基地主要集中在珠江三角洲地区，已经形成了以广州市、佛山市南海区为热带鱼主要产区；东莞市、深圳市为名贵品种生产基地，顺德市为高档锦鲤主产区，江门市、中山市为中档锦鲤主产区的产业布局（表1-15）。

表 1-15　观赏鱼主要产区

地区	面积（公顷）	产销值（万元）	生产人员数（人）	备注
广州市	653.33	108 000	8 000	番禺、白云、花都为主要生产地，荔湾区为主要集散地，销售量超过全广州市总产量。产品门类档次齐全
佛山市	786.67	78 000	8 200	顺德区、南海区、三水区规模最大。热带鱼主产地，锦鲤也有较大规模
深圳市	133.33	18 000	2 000	主要生产高档热带鱼产品
东莞市	166.67	20 000	2 500	产品包括热带鱼、锦鲤、金鱼
中山市	400.00	25 000	3 500	主要产品为锦鲤，少量热带鱼
江门市	733.33	30 000	5 000	主要产品为锦鲤
本省其他地区	213.33	16 000	3 000	中、低档产品为主
广东省总计	3086.67	295 000	32 200	

注：产销值＝生产环节实现销售额＋流通环节实现的增加值。

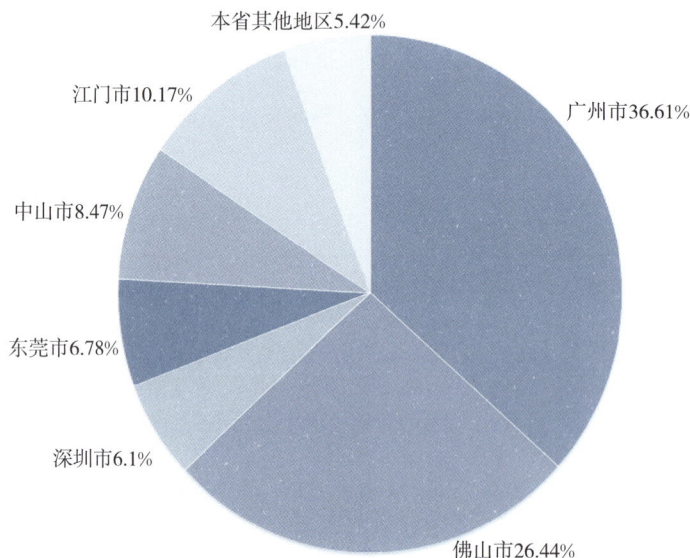

图 1-6　2017 年广东省观赏鱼产业地区分布（按产销值）

2. 休闲垂钓及采集体验

全省现有从事休闲垂钓及采集体验类休闲渔业经营活动的企业约有 183 个，休闲渔业船 217 艘，从业人数约 5 553 人，吸纳农村劳动力人数约 5 088 人，吸纳转产渔民人数约 1 336 人，接待人次约 736.643 2 万人次/年，总产值 15.191 8 亿元/年（表 1-16）。

表 1-16　2017 年广东省休闲垂钓及采集类统计

序号	地级市	经营实体数量（个）	从业人数（人）	吸纳农村劳动力人数（人）	吸纳转产渔民人数（人）	接待人次（万人次/年）	产值（万元/年）
1	广州	60	2 792	2 518	168	193.4	38 739.1
2	深圳	37	390	256	50	150	43 563

（续）

序号	地级市	经营实体数量（个）	从业人数（人）	吸纳农村劳动力人数（人）	吸纳转产渔民人数（人）	接待人次（万人次/年）	产值（万元/年）
3	珠海	13	536	336	105	106.8	23 295
4	汕头	4	170	8	5	0.63	165
5	佛山	—	—	—	—	—	—
6	韶关	4	305	391	41	13.85	3 100
7	湛江	1	21	8	6	2.3	300
8	肇庆	—	—	—	—	—	—
9	江门	4	80	269	20	7.9	1 367
10	茂名	—	—	—	—	—	—
11	惠州	4	56	242	296	5.1	560
12	梅州	9	186	455	380	149.85	19 249
13	汕尾	—	—	—	—	—	—
14	河源	17	570	400	80	49	10 330
15	阳江	2	227	20	120	38	7 380
16	清远	6	56	54	10	7.546	820
17	东莞	21	100	71	25	9.456 5	2 540
18	中山	1	64	60	30	2.810 7	510
19	潮州	—	—	—	—	—	—
20	揭阳	—	—	—	—	—	—
21	云浮	—	—	—	—	—	—
合计		183	5 553	5 088	1 336	736.643 2	151 918.1

广东省垂钓采集体验类休闲渔业地区分布：

（1）经营实体数量（图1-7）　全省总计183家，比2016年的114家增加了69家，增长率60.5%。其中，前5位为广州60家、深圳37家、东莞21家、河源17家、珠海13家，共计占全省的80.9%。

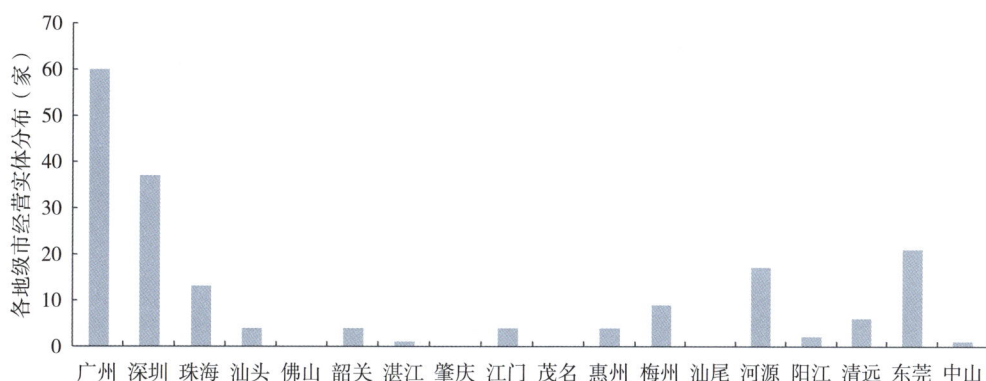

图1-7　广东省各地级市垂钓采集体验类休闲渔业经营实体数量

（2）从业人数（图1-8）　　全省总计5 553人，比2016年的5 314人增加了239人，增长率4.5%。其中，前5位为广州2 792人、河源570人、珠海536人、深圳390人、韶关305人，共计4 593人，占全省的82.7%。

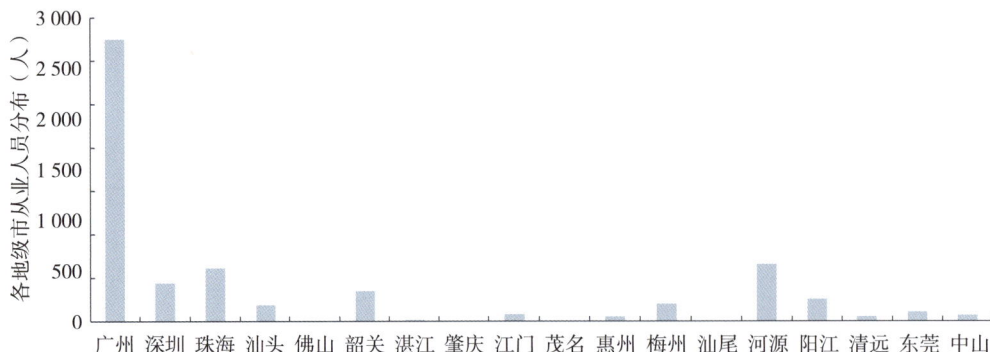

图1-8　广东省各地级市垂钓采集体验类休闲渔业从业人员数量

（3）接待人次　　全省总计736.64万人次。其中，前5位为广州193.4万人次、深圳150万人次、梅州149.85万人次、珠海106.8万人次、河源49万人次，共计649.05万人次，占全省的88.1%（图1-9）。

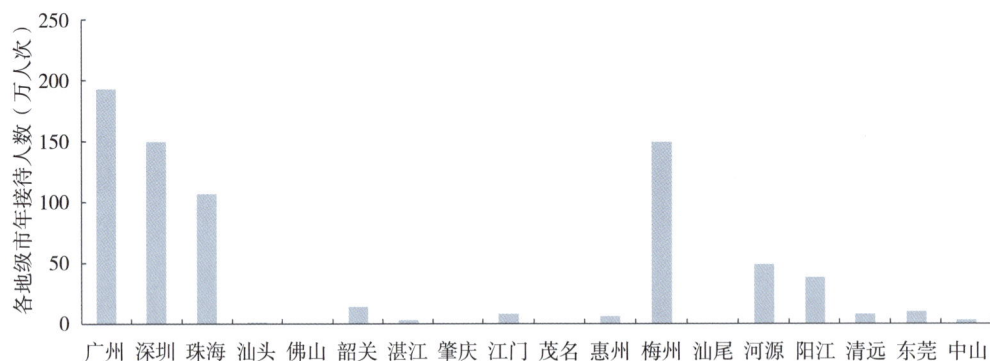

图1-9　广东省各地级市垂钓采集体验类休闲渔业接待人次

（4）总产值　　全省垂钓采集体验类休闲渔业总产值151 918.1万元。其中，前5位为深圳43 563万元、广州38 739.1万元、珠海23 295万元、梅州19 249万元、河源10 330万元，共计135 176.1万元，占全省的89%（图1-10）。

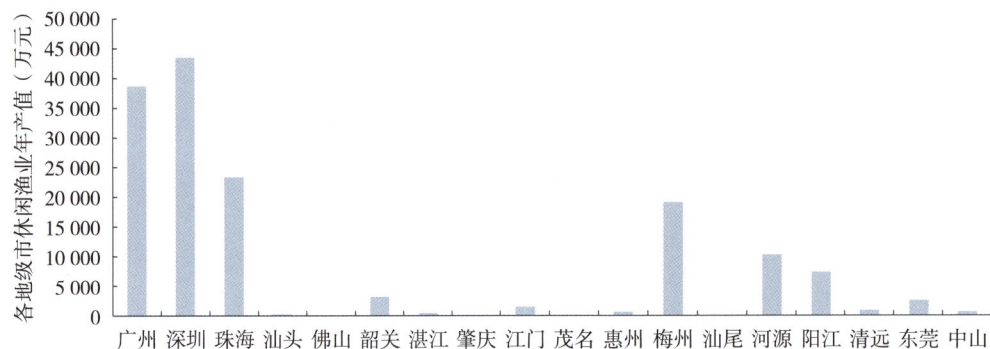

图1-10　广东省各地级市垂钓采集体验类休闲渔业产值

（5）海、淡水区域分布　　广东省涉海地级市包括潮州、揭阳、汕头、汕尾、惠州、深圳、珠海、中山、江门、阳江、湛江、茂名；不涉海地级市包括河源、清远、肇庆、梅州、佛山、云浮；广州、东莞则濒临珠江出海口，有小规模海洋捕捞传统渔业。在垂钓采集类休闲渔业规模前5位的地级市中，涉海的包括深圳、珠海两市；不涉海的为梅州、河源两市；而广州则恰好是半涉海的；深圳、珠海开展垂钓采集类休闲渔业的区域也是以海域为主，内陆淡水水域只占其很小的一部分，全省注册休闲渔业船近217艘的80%以上属于这两市。而广州市虽然半涉海，但全市2017年仅有6艘休闲渔船，开展垂钓采集类休闲渔业活动的区域则几乎全在内陆淡水水域。以广州、深圳、珠海、梅州、河源5个市（总产值占全省的89%）为代表，接待人数海域∶内陆近似值为4∶6，营业额海域∶内陆近似值为5∶5。

3. 旅游导向休闲渔业

这一部分成分复杂，主要包括水族馆海洋馆、旅游部门主导的渔村生活体验、海洋捕捞体验、餐饮、渔家乐、观赏鱼市场水产市场参观活动等。

广东水族馆、海洋馆数量少，但规模及影响力较大，主要有深圳海洋馆、广州海洋馆、广州长隆海洋馆、珠海长隆海底世界度假区、东莞市南城海洋水族馆、正佳极地海洋世界（广州）、欢乐海岸海洋馆（深圳）、东莞水濂山乐民海洋世界、惠州巽寮湾南海洋水母王国、中山帆鲨海洋馆、顺德海立方海洋馆。

根据抽样调查和分析，2017年广东全省水族馆、海洋馆接待游客约800万人次，实现销售额约2亿元。

广东省涉海旅游企业的80%以上均不同程度地涉及休闲渔业内容，浅层次的捕捞体验、渔村生活体验、海鲜品尝等，相关营业额难以统计。

在2017年全国旅游导向休闲渔业营业额排名中，广东未进入前10名。

（三）休闲渔业带动产业情况

1. 垂钓采集类休闲渔业辅助品

广东省有两家规模较大的钓具市场，即位于广州芳村的"金花地钓具城"和"广州天河钓具城"。其中，"金花地钓具城"有店铺130家，总营业面积10 000余平方米，年销售额约为15亿元。另外，还有大量遍布全省各市的钓具、钓饵销售门店共500家左右，总计全省2017年钓饵、钓具等垂钓用品用具总销售额约为25亿元。

广东全省有20家专业钓饵生产厂家，年产值10亿元。另有一些兼营水产饲料和钓饵的生产厂家，其钓饵的产值较小，未列入统计。

2. 观赏鱼饲料器材

与观赏鱼相关的器材和辅助用品，包括上游和下游两个方面。上游指观赏鱼生产所需要的设施、设备、器材、饲料、药品等，2017年观赏鱼生产（注∶上游产业）工具、药物、饲料等辅助品销售额约为10亿元；下游是指观赏鱼消费过程中配备和消耗的器材和饲料药品等，根据统计分析，2017年为33亿元。综上所述，广东省观赏鱼产业所带动的水族器材和辅助用品年销售额为43亿元。

广东省是我国乃至全世界的水族（观赏鱼）器材生产基地，水族器材年产销量约为120亿元。其中，出口额约90亿元。水族器材生产商主要在珠江三角洲地区及潮州市饶平县，其中，相对量较大的是广州市、潮州市、中山市、佛山市、东莞市等。

（四）休闲渔业文化建设

截至2017年，广东省现共有14家"全国休闲渔业示范基地"。其中，2013年为2家企业，2015年为4家企业，2017年为8家企业。2013年第一批命名的2家企业：惠州市潮运海洋渔业发展有限公司、清远市碧水蓝天休闲渔业有限公司；2015年第二批命名的4家企业：广东珠海一棵树休闲农庄有限公司、中山市现代渔业博览园管理有限公司、江门市明润休闲渔业船舶管理有限公司、阳江市海陵岛海乐旅游海上休闲钓鱼基地。

根据《农业部办公厅关于开展休闲渔业品牌培育活动的通知》（农办渔〔2017〕52号）文件部署，农业部采取基层申报、省级初审、专家评审和网络投票的方式，组织开展了2017年休闲渔业发展典型的品牌培育工作。经综合评审、网上公示等程序，认定的100家休闲渔业示范基地。其中，广东8家为：惠州李艺金钱龟生态发展有限公司（李艺金钱龟养殖基地）、广东狂人体育文化有限公司（狂人国际路亚基地）、梅州市金穗生态农业发展有限公司（金穗休闲旅游区）、佛山市高明泰康山旅游开发有限公司（广东省休闲垂钓基地）、雷州市天成台旅游度假村有限公司（悦湖自然生态休闲渔业区）、韶关市冯氏生态庄园有限公司（冯氏生态庄园）、广东鑫龙湾生态休闲农业发展有限公司（合水基地）、东莞市松湖水产品养殖有限公司（松湖水产基地）。

在2017年公布的25个国家级示范性渔业文化节庆（会展）中，广东省3个名列其中，分别是广州金花地渔具博览会、中国（江门）锦鲤博览会、连南瑶族自治县"稻田鱼文化节"。

在2017年公布的休闲渔业品牌创建主体名单中，阳江市大澳渔村列入国家级最美渔村。

截至2017年，共有38家经营实体被广东省海洋渔业休闲与垂钓协会认定为"广东省休闲渔业示范基地"。

（五）休闲渔业资源

广东省现有海域面积41.93万平方千米，海岸线4 114.3千米，海岛1 963座，滩涂20.4万公顷，内陆水域面积4.89万平方千米，省域内分布的鱼类有800多种，渔业自然资源相当优越。全省有渔业村1 045个，渔业人口227.74万人，渔业劳动力124.22万人，生产渔船53 662艘，渔业生产资源雄厚。这些资源为发展休闲渔业提供了坚实有力的基础。

广东省内有6个国家级海洋公园——广东海陵岛国家级海洋公园（阳江）、广东特呈岛国家级海洋公园（湛江）、广东雷州乌石国家级海洋公园（湛江）、广东南澳青澳湾国家级海洋公园（汕头）、广东阳西月亮湾国家级海洋公园（阳江）、红海湾遮浪半岛国家级海洋公园（汕尾），是开展海洋休闲渔业的优质资源。

广东省有适合开展观赏鱼生产的气候条件，是目前国内最大的观赏鱼生产地，最大的观赏鱼贸易集散地，有最大的观赏鱼消费市场，是全国最大的观赏鱼进出口枢纽。

广东省有国内最强的休闲渔业科学技术力量。位于广州的中国水产科学研究院珠江水产研究所是全国唯一的农业部休闲渔业重点实验室挂靠单位，也是全国水产标准化委员会观赏鱼分技术委员会的挂靠单位；同样位于广州的中国水产科学研究院南海水产研究所在海洋牧场等研究领域处于国内领先水平；省内多所大学有休闲渔业研究组或开设休闲渔业本科专业和硕士专业；省内多个研究院所正在开展休闲渔业研究。

广东省水族协会是全国最大的水族（观赏鱼）行业协会，有300多个会员单位。该协会主办的"中国国际水族用品暨观赏鱼展览会"，是国内水族（观赏鱼）领域最大的展会。

（六）发展趋势

1. 观赏渔业领域

作为国内观赏鱼产业的发源地，广东省在观赏鱼生产和贸易两方面曾长期扮演领跑者角色。1985—2001年，全省观赏鱼产销（包括内销和出口）占全国的70%，之后持续下降。目前，产值约占全国的35%，销售额约占全国的50%左右。随着国内其他地区观赏鱼产业的快速发展，同时全省观赏鱼生产增速减缓，优势将不断削弱。但是由于积累雄厚、气候适宜、贸易窗口的传统优势，广东在国内观赏鱼产业第一的位置至少还能保持10年。

2. 垂钓采集类休闲渔业。

因社会环境、自然环境和渔业资源的差异，全省休闲渔业将形成各具特色的内陆、沿海、大城市三大板块。

（1）内陆地区　随着环境优先政策的深入实施，内陆水域的河流、水库、湖泊的传统渔业必然展开进一步的转方式、调结构。淡水捕捞的规模压缩，网箱养殖和围网养殖大幅度减少，渔业生产方式发生重大改变，捕捞渔民和养殖渔民要谋求出路，休闲渔业是必然的突破口和增长点，必然迎来大幅度的增长。

广东省内各地区都会在内陆休闲渔业大发展中受益，其中，内陆水域面积较大的地区如河源、梅州、广州、肇庆、清远、佛山等是内陆休闲渔业发展的重点地区。

（2）沿海地区　海洋休闲垂钓采集产业至少5年前已经吹响了高速发展的号角，作为海洋大省的广东，虽然发展速度也比较快，但是却明显落后于其他沿海省份，居然在全国沿海省份中（海南省除外）排在末尾。由于海洋捕捞资源日渐枯竭、近海网箱养殖面临的环保压力越来越大，海洋捕捞和海水养殖产业均面临越来越大转换生产方式的压力，相当多的传统捕捞渔民和海水养殖渔民需要谋求新的出路；另外，随着国民生活水平的提高及消费观念的转变，海洋休闲渔业的需求增长迅速；再有，广东省在海洋牧场研究和应用方面处于国内领先水平，海洋牧场的发展，将为休闲渔业提供更广阔的舞台。在推力和吸引力的双重作用下，海洋休闲渔业必然出现高速增长。在海洋休闲垂钓采集业方面，深圳、珠海已经有良好的发展基础，形成了一定的发展规模，但仍有较大的发展潜力和空间；而其他沿海城市，包括湛江、汕头、阳江、潮州、揭阳、汕尾、惠州、中山、江门、茂名等，本领域发展处于初级阶段，由于有丰富的海洋渔业资源，有发展海洋休闲渔业的基础条件，在政策的推动和市场的拉动下，必将有更高速的发展。

（3）大城市　广州、深圳以及珠三角城市群有很高、日渐增长的休闲渔业消费需求，将对内陆垂钓采集和海洋垂钓采集类休闲渔业的发展起到强大的拉动作用。同时，这两方面还不足以全面满足不同类型消费者的休闲渔业需要，文化型、展示型、餐饮服务型、综合型的休闲渔业将成为城市休闲渔业的主要业态，迎来高速发展。但近郊的垂钓采集类休闲渔业活动，也同样因为消费的拉动而获得高速发展。

3. 旅游导向型休闲渔业

2017年，旅游导向型休闲渔业营业额约285.94亿元，占全国休闲渔业产值的40.36%。广东省在全国旅游导向型休闲渔业营排名榜上未进入前10名，这与广东省作为渔业大省的地位极不相符（当然该排名与渔业系统对旅游导向型休闲渔业发展情况了解有限，各省市上报数据的覆盖率、口径不统一有很大关系）。实际全省在水族馆、水产餐饮服务方面已有良好的基础，旅游导向的休闲渔业体验也已较广泛地开展，在进一步发掘渔业文化、加深旅游业与渔业结合的基础上，旅游导向型休闲渔业有较大希望超过垂钓采集和观赏鱼领域，成为休闲渔业最强力的增长点。

八、水产品价格与市场

（一）总体情况

2017年，广东水产品价格总体有所上扬。与2016年同期比，总体价格水平上涨11.26%。其中，海水产品上升13.04%，淡水产品上升8.64%，虾蟹类产品上升18.80%，贝类产品上升9.47%，腌干类产品上升4.52%。

（二）各月份和各季度价格情况

2017年，全年价格走势平稳，除假日消费增长、部分应节热销品种升幅较大外，总体价格升幅不大。2017年第一季度价格走势平稳，升幅不大，与去年同期比，总体价格水平上升10.72%。接下来的第二、三、四季度有清明节、五一节、中秋节、国庆节等，市民消费热情增加，节日效应现象呈现，使虾蟹类产品和部分淡水产品价格出现上升的态势。加上休渔期开始，部分海捕水产品上市量减少，价格飙升，且这一状态一直延续到有史以来最长的休渔期结束。具体各类别水产品价格与同比变化见表1-17和图1-11。

表1-17　第一至第四季度各类别水产品价格同比变化幅度（%）

季度	海水产品	淡水产品	虾蟹类产品	贝类产品	腌干类产品
第一季度	5.94	17.07	2.57	8.16	17.07
第二季度	26.99	14.46	28.46	−8.46	2.03
第三季度	15.91	5.98	31.08	6.02	2.08
第四季度	1.94	11.68	12.26	31.61	−0.20

（三）水产品分类情况

1. 海水产品方面

2017年，广东省沿海气候情况总体较好，低温天气少见。虽然有几个热带强台风及大雨影响，且对海洋捕捞、养殖有一定的影响，但海水产品上市仍较充足，价格稳中有升。对4个海水产品品

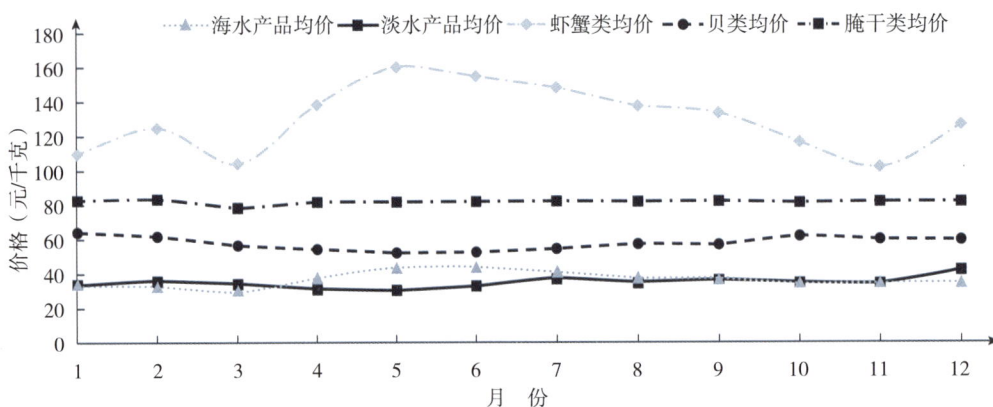

图 1-11　2017 年水产品综合平均价月度走势

种进行了价格监测，除了鲜南鲳价格略有下降外，其他品种均同比上升，（表 1-18）。

表 1-18　部分海水产品价格情况

品　种	规格（克/尾）	均价（元/千克）	同比（%）
带　鱼	>350	50.55	28.23
红　三	>150	48.76	22.67
南　鲳	>150	28.93	−4.93
鱿　鱼	>150	38.53	10.78

2. 淡水产品方面

2017 年出现暖冬现象，全年平均气温较高，利于水产养殖生产，鱼货上市量充足，鲜活草鱼、鳙、生鱼、鲮、罗非鱼价格平稳。鳜除受假日经济带动升高外，基本保持在平均线上行走，但与 2016 年同期比价格则有所下降。加州鲈除在第一季度和第四季度价格在高位上徘徊外，第二、第三季度价格稳定，有时还会随着鱼货的上市量增多而出现价格稳中有降的情况。部分淡水产品价格情况见表 1-19。

表 1-19　部分淡水产品价格情况

品　种	规格（克/尾）	均价（元/千克）	同比（%）
草　鱼	>1 000	14.46	14.04
罗非鱼	>400	14.02	11.71
鳜	>400	61.04	17.62
加州鲈	>400	21.11	−33.74

3. 虾蟹类产品方面

虾蟹类产品在广东省市民消费者中比较受欢迎。不管是节假日、婚娶喜庆和家庭聚会等，是必不可少的首选菜肴之一，价格的升降不会影响到消费者的消费热情。2017 年虾蟹类产品价格均有一定升幅（表 1-20）。

表 1-20   部分虾蟹类产品价格情况

品　种	规　格	均价（元/千克）	同比（%）
竹节虾	统　货	187.92	19.24
罗氏沼虾	统　货	98.56	12.03
活膏蟹	统　货	159.29	11.14

4. 贝类产品价格总体上升，部分产品价格同比下降（表 1-21）

表 1-21   部分贝类产品价格情况

品　种	规　格	均价（元/千克）	同比（%）
带　子	统　货	15.09	11.45
生　蚝	统　货	81.66	−3.53
大连鲍	统　货	149.26	−15.62

5. 腌干类产品价格较为稳定（表 1-22）

表 1-22   部分腌干类产品价格情况

品　种	规　格	均价（元/千克）	同比（%）
公鱼干	—	26.48	8.04
红鱼干	500 克	76.50	5.75
鱿鱼干	14～20 厘米	197.50	6.46

九、水产品进出口

（一）总体情况

1. 1～12月份情况

1～12月份，全省水产品进出口总量67.16万吨，进出口总额40.40亿美元，同比分别增长13.99％和13.45％。其中，出口量55.76万吨，出口额32.08亿美元，同比分别增长10.66％和9.38％；进口量11.40万吨，进口额8.32亿美元，同比分别增长33.65％和32.48％。贸易顺差23.76亿美元。

出口主要品种中，对虾出口额居全省第一位，出口量9.08万吨，出口额10.55亿美元，同比分别增长22.37％和17.88％；罗非鱼出口额排全省第二位，出口量22.93万吨，出口额7.65亿美元，同比分别增长13.35％和9.91％；鳗出口量0.63万吨，出口额1.04亿美元，同比分别增长14.55％和35.06％。

出口主要国家与地区中，美国出口量额位居第一，出口量14.16万吨，出口额8.39亿美元，同比分别增长8.83和12.43％；墨西哥出口量4.67万吨，出口额2.27亿美元，同比分别增长8.81％和2.04％；东盟各国出口量5.59万吨，出口额2.69亿美元，同比分别增长36.08％和28.63％。

全省各地级市出口前六位分别是湛江市、汕头市、茂名市、珠海市、潮州市、阳江市。

2. 12月份单月情况

水产品进出口量7.55万吨，进出口额4.90亿美元，环比分别增长13.19％和25.64％。其中，出口量6.37万吨，出口额3.68亿美元，环比分别增长13.35％和16.46％；进口量1.18万吨，进口额1.22亿美元，环比分别增长12.38％和64.86％。

（二）贸易方式

1. 一般贸易方式

一般贸易方式占全省出口较大份额，出口额30.88亿美元，同比增长10.11％，出口额占全省的96.25％。

2. 进料加工和来料加工

进料加工和来料加工出口额1.13亿美元，同比减少9.14％，出口额占全省的3.52％。其中，进料加工出口额 1.08 亿美元，同比减少 7.80%；来料加工出口额 0.05 亿美元，同比减少 29.78%。

（三）主要出口品种

图 1-12 为 2017 年 1～12 月广东省主要水产品出口情况。

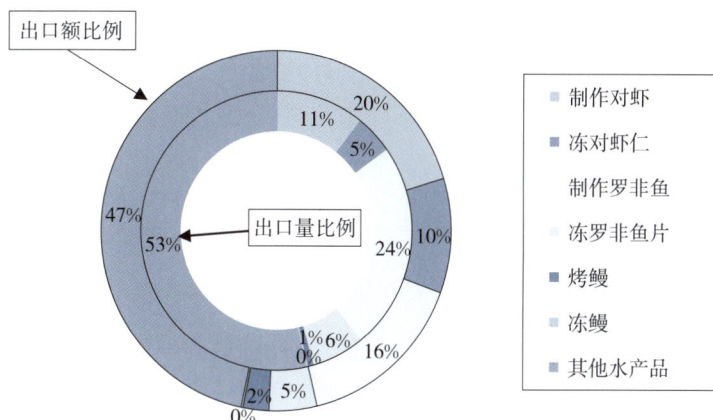

图 1-12   2017 年 1～12 月广东省主要水产品出口情况

1. 对虾

出口额排全省第一位，出口量 9.08 万吨，出口额 10.55 亿美元，同比分别增长 22.37% 和 17.88%；出口量和出口额分别占全省的 16.28% 和 32.89%。

（1）制作虾　出口量 5.85 万吨，出口额 6.50 亿美元，同比分别增长 28.29% 和 25.24%。

（2）冻对虾仁　出口量 2.57 万吨，出口额 3.30 亿美元，同比分别增长 22.97% 和 22.22%。

2. 罗非鱼

出口量 22.93 万吨，出口额 7.65 亿美元，同比分别增长 13.35% 和 9.91%。出口量和出口额分别占全省的 41.12% 和 23.85%。

（1）制作罗非鱼　出口量 13.51 万吨，出口额 5.03 亿美元，同比分别增长 22.71% 和 17.52%。

（2）冻罗非鱼片　出口量 3.50 万吨，出口额 1.42 亿美元，同比分别增长 0.86% 和减少 0.70%。

3. 鳗

出口量 0.63 万吨，出口额 1.04 亿美元，同比分别增长 14.55% 和 35.06%。其中：

（1）烤鳗　出口量 0.38 万吨，出口额 0.77 亿美元，同比分别增长 35.71% 和 42.59%。

（2）活鳗　出口量 0.12 万吨，出口额 0.21 亿美元，同比分别增长 100.00% 和 90.91%。

（四）主要出口市场

图 1-13 为 2017 年 1～12 月广东省水产品出口主要国家和地区。

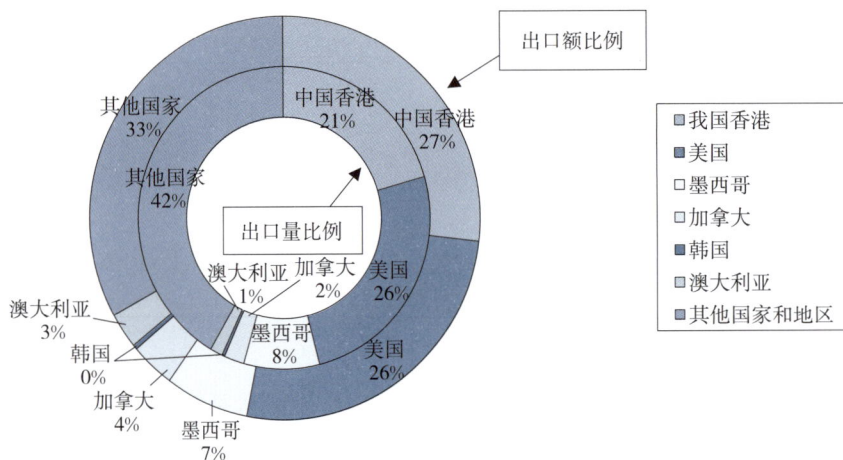

图 1-13　2017 年 1～12 月广东省水产品出口主要国家和地区

(1) 美国　出口量 14.16 万吨，出口额 8.39 亿美元，同比分别增长 8.83％和 12.43％。

(2) 东盟　东盟各国出口量 5.59 万吨，出口额 2.69 亿美元，同比分别增长 36.08％和 28.63％。

(3) 墨西哥　墨西哥出口量 4.67 万吨，出口额 2.27 亿美元，同比分别增长 8.81％和 2.04％。

(4) 加拿大　出口量 1.25 万吨，出口额 1.18 亿美元，同比分别增长 11.12％和 0.04％。

(5) 欧盟　出口量 1.28 万吨，出口额 0.76 亿美元，同比分别减少 2.75％和 11.44％。

(6) 日本　出口量 0.91 万吨，出口额 0.86 亿美元，同比分别减少 4.90％和 3.89％。

(7) 我国香港　出口量 11.53 万吨，出口额 8.63 亿美元，同比分别增长减少 14.46％和 4.88％。

（五）出口地市

图 1-14 为 2017 年 1～12 月广东省各地水产品出口额示意图。

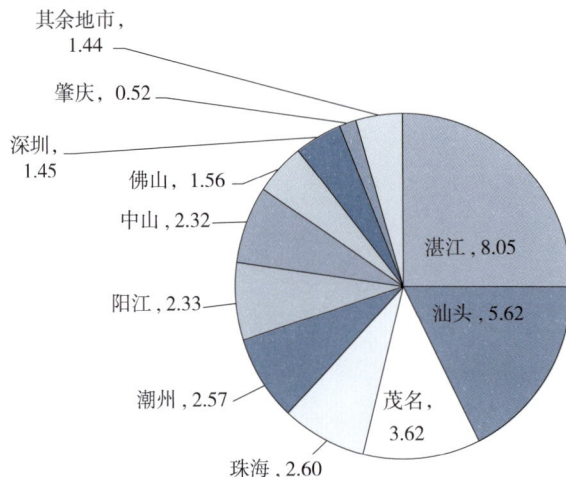

图 1-14　2017 年 1～12 月广东省各地水产品出口额（亿美元）

广东省的湛江、汕头、茂名、珠海、潮州、阳江等 6 个市排列出口前六位。

(1) 湛江市　出口额 8.05 亿美元，同比增长 27.88％。

（2）汕头市　出口额 5.62 亿美元，同比减少 4.67%。

（3）茂名市　出口额 3.62 亿美元，同比增长 20.58%。

（4）珠海市　出口额 2.60 亿美元，同比增长 92.33%。

（5）潮州市　出口额 2.57 亿美元，同比增长 40.08%。

（6）阳江市　出口额 2.33 亿美元，同比减少 19.24%。

（六）分析和预测

1. 2017 年全年情况分析

2017 年全年，全省水产品出口量、出口额小幅增长，而进口量、进口额大幅增长。

制作对虾出口量和出口额分别增长 28.29% 和 25.24%。其中，制作对虾出口到美国的出口量、出口额分别增长 44.32% 和 43.26%；出口到墨西哥、澳大利亚、加拿大等国家的出口量、出口额均有所增长。冻对虾仁出口量和出口额分别增长 22.97% 和 22.22%，原因是出口到美国、新加坡、日本及我国香港的出口量、出口额均大幅增长，特别是中国香港分别增长 41.92% 和 47.13%。

罗非鱼出口量和出口额分别增长 13.35% 和 9.91%。其中，制作罗非鱼出口量及出口额分别增长 22.71% 和 17.52%，出口到美国制作或保藏的罗非鱼出口量、出口额分别增长 4.91% 和 3.24%，主要是因为其他出口国如墨西哥、赞比亚、肯尼亚、俄罗斯的出口量、出口额有大幅增长，喀麦隆增长达到 460.93% 和 577.14%。冻罗非鱼片出口量及出口额分别增长 0.86% 和减少 0.70%，原因是出口到美国的制作或保藏的罗非鱼出口量、出口额分别减少 10.11% 和 9.44%，而其他国家大部分出口量、出口额增长。

鳗出口量和出口额分别增长 14.55% 和 35.06%。出口到日本的出口量、出口额分别减少 9.51% 和 6.52%；而出口到中国台湾的出口量、出口额分别增长 140.00% 和 146.12%。

全省水产品进出口数据变化原因有多方面，有汇率波动、国际市场回暖、政策效应、养殖成本增加、水产品加工水平偏低及水产品质量安全等多方面因素。主要原因有以下 3 点：

（1）国际市场回暖　2017 年以来，世界经济增长加快，主要国际组织纷纷上调世界经济增长预测。据国际货币基金组织（IMF）最新预测，2017 年世界经济增长 3.5%，比 2016 年提高 0.3 个百分点，创 3 年来新高。

（2）政策效应进一步显现　近几年，国务院出台了一系列促进外贸稳增长、调结构的政策文件，形成了支持外贸发展的政策体系。各部门、各地方狠抓政策落实，切实为企业减负助力，营造良好的营商环境，政策效应逐步显现。

（3）企业结构调整和动力转换加快　一大批企业从供给侧发力，坚持创新驱动，加快转动力、调结构，着力培育以技术、品牌、质量、服务、标准为核心的外贸竞争新优势，企业创新能力和国际竞争力增强，产品附加值和品牌影响力进一步提高。水产品精深加工比例明显提高，高附加值产品出口量、出口额保持较快增长。外贸新业态发展的营商环境不断改善，跨境电商、市场采购等出口新动力培育成效初显。

在国内外经济形势错综复杂、国内生产成本不断提高、国际贸易壁垒增多、同构竞争加剧等困难下，取得如此成绩实属不易。

2. 2018 年水产品对外贸易形势预测

2018 年，全省出口仍然面临诸多困难和挑战，保持出口回稳向好势头的任务仍然艰巨。我国外贸发展面临的不确定、不稳定因素仍然较多。全球经济复苏的基础还不稳固，贸易保护主义升温，中美贸易战的枪声已打响，水产品品种虽然没有列入加税商品清单，但是中美贸易摩擦可能也会受到牵连，特别是全省两样大宗出口水产品——罗非鱼及对虾产品均是出口美国，需要认真防范和应对。人民币持续升值削弱了全省产品在这些市场上的价格和竞争力，严重挤压企业的获利空间，加大了出口风险。国内综合要素成本不断上涨，也导致全省产品的竞争力下降。2017 年，对虾、罗非鱼实现出口量、出口额同比双增，对虾产品除了美国之外，墨西哥、澳大利亚、加拿大、新加坡、日本及我国香港的出口量、出口额均大幅增长。罗非鱼出口国如墨西哥、赞比亚、肯尼亚、俄罗斯、喀麦隆的出口额均大幅增长。因此，全省需要摆脱对美国的重度依赖，开拓新兴市场，2018 年有望保持稳定的发展态势（表 1-23）。

表 1-23　2017 年 1～12 月广东省水产品进出口主要品种情况

品　种	2017 年数量（万吨）	2016 年数量（万吨）	2017 年值（亿美元）	2016 年值（亿美元）	数量增幅（%）	金额增幅（%）	数量占全省百分比（%）	金额占全省百分比（%）
出口合计	55.76	50.39	32.08	29.33	10.66	9.38		
对虾类	9.08	7.42	10.55	8.95	22.37	17.88	16.28	32.89
制作对虾	5.85	4.56	6.50	5.19	28.29	25.24	10.49	20.26
冻对虾仁	2.57	2.09	3.30	2.70	22.97	22.22	4.61	10.29
罗非鱼类	22.93	20.23	7.65	6.96	13.35	9.91	41.12	23.85
制作罗非鱼	13.51	11.01	5.03	4.28	22.71	17.52	24.23	15.68
冻罗非鱼片	3.500	3.470	1.420	1.430	0.86	−0.70	6.28	4.43
鳗鱼类	0.63	0.55	1.04	0.77	14.55	35.06	1.13	3.24
烤　鳗	0.38	0.28	0.77	0.54	35.71	42.59	0.68	2.40
活　鳗	0.12	0.06	0.21	0.11	100.00	90.91	0.22	0.65
进口合计	11.40	8.53	8.32	6.28	33.65	32.48		
进出口总计	67.16	58.92	40.40	35.61	13.99	13.45		

注：自 2015 年 1 月起。广州海关提供的水产品进出口数据有较大改变，现在提供的进出口数据只包含鱼、虾、贝、蟹等食用水生动物，减少了大量非食用水产品数据，如水貂皮、已加工养殖珍珠及制品、珊瑚及类似品、墨鱼骨的粉、琼脂、鲸蜡、碘及其他非食用水产品类别，现在的数据更加精确反应全省的水产类出口情况。

十、鱼病防控

（一）海水养殖动物病害状况

广东是水产养殖大省，养殖水域辽阔、养殖品种丰富，养殖模式众多，水产养殖业提供了丰富的蛋白质食物来源，为经济与社会发展做出了巨大贡献。2017年，广东省海水养殖产量为313.5万吨，主要养殖鱼类有石斑鱼、鲷、和卵形鲳鲹等，虾类主要为南美白对虾、斑节对虾等，贝类主要为牡蛎和扇贝等。然而，随着水产养殖业的快速发展，水产病害问题日渐突出，常规疾病持续发生，新疾病不断出现，经济损失重大，生态环境压力与食品安全问题凸显，严重威胁水产养殖业的健康可持续发展。1～3月，全省由于受强冷空气影响出现低温阴雨天气，造成养殖的温水性鱼虾类出现冻伤、冻死的现象。随着水温的上升，前期冻伤后的养殖品种诱发感染，造成病害流行暴发。6～10月是全省气温、水温最高的季节，养殖水生动物进入快速生长期，炎热的天气既是水生动物生长的黄金季节，也是水产养殖病害的高发期、死亡率高的阶段。

1. 细菌性疾病

（1）海水养殖动物弧菌病 弧菌是引起广东省各种海洋动物普遍性的致病菌，鱼、虾、贝类从幼体到成体，不管是野生还是人工养殖的都可因"弧菌病"而大量死亡，危害严重的弧菌主要有哈维弧菌、鳗弧菌和创伤弧菌等。广东海水鱼弧菌病70%以上的病原为哈维弧菌，弧菌病暴发的适宜水温为20～25℃。

2017年报道，可以感染对虾发病的弧菌主要有副溶血弧菌、哈维弧菌、溶藻弧菌、鳗弧菌、创伤弧菌等。弧菌病是对虾养殖中最为常见、危害较大的一类疾病，其主要症状一般为红腿、黄鳃、肠炎等，对外界反应迟钝，部分虾体发黑；溶藻弧菌感染对虾多发生在夏季，在水温25～32℃容易流行，感染虾苗时可导致虾苗的幼体菌血病，对虾的部分红体病、白斑病也是该菌所引起。南美白对虾和中国对虾都可以感染鳗弧菌。2017年，珠三角地区对虾的致病性副溶血弧菌检出率为77.4%。

哈维弧菌感染会导致鲍脓疱病，主要感染3～5厘米的鲍。症状为足肌上有白色脓疱，破裂脓疱流出大量的白色脓汁。哈维弧菌不仅感染鲍，也可感染其他贝类品种如东风螺、牡蛎、扇贝等。在感染幼牡蛎中，死亡率可达到50%。

（2）海水鱼类诺卡氏菌病 病原为鰤诺卡氏菌。该菌为革兰阳性，患病鱼体体色较正常鱼深，反应迟钝，离群独游或打转，逐渐消瘦直至死亡。解剖发现，内脏充血并稍有肿大，内有大量0.1～0.2厘米的白色结节。该病原可感染卵形鲳鲹、海鲈、尖吻鲈、紫红笛鲷、黄鳍鲷和军曹鱼等。流行范围很广，4～11月均有发生，发病高峰在6～10月，水温在15～32℃时都可流行。以水温在25～28℃时发病最为严重，发病率和死亡率都较高，发病率一般为20％～30％，严重时可达50％～60％。该病为慢性病，持续时间较长。

（3）海水鱼类链球菌病　病原为链球菌。革兰阳性，可感染海水鱼的链球菌种类主要有海豚链球菌、无乳链球菌和停乳链球菌等。病鱼摄食不良，游动迟缓，游动失去方向性。链球菌病全年均可发生，但好发于夏、秋季等高温季节，7～9月的高温期容易流行。为典型的条件致病菌，在富营养化或养殖自行污染较为严重的水域中，此菌能长期生存。急性感染可以引起鱼类短期内（3～7天）暴发性死亡，死亡率高达50％以上。一部分感染为慢性，发病周期可达数周甚至数月，每天只有零星死亡发生。

（4）海水鱼类爱德华氏菌病　病原为杀鱼爱德华氏菌。革兰阴性，可感染多种海水鱼类，在不同患病鱼中症状不同。感染的卵形鲳鲹、黄鳍鲷等海水鱼体侧肌肉组织溃疡，溃疡处周边出血，腹部膨胀，腹部及两侧发生大面积脓肿，病灶散发出强烈的恶臭味，腹部膨胀。感染稚鱼和幼鱼时表现为腹胀，腹腔内有腹水，肝、脾、肾肿大、肠道发炎、眼球白浊等；流行于夏、秋季节，卵形鲳鲹和海鲈的幼鱼病症较重，可引起大量死亡。

（5）海水鱼类发光杆菌病　病原为美人鱼发光杆菌杀鱼亚种。为革兰阴性菌，患病的海水鱼反应迟钝，体色变黑，食欲减退，体表、鳍基、尾柄等处有不同程度充血。离群独游或静止于网箱或池塘底部，不摄食，不久即死亡。感染发病鱼呈现急性和慢性临床症状，主要急性症状为鳃盖周围轻微出血，腹腔积水和内脏器官多灶性坏死。主要慢性症状为脾脏、肾脏和心脏内，能观察到大量的白色粟米样肉芽肿。发病最适水温为20～25℃，一般在温度25℃以上时很少发病，温度20℃以下不生病。可感染军曹鱼、黑鲷、真鲷、金鲷和海鲈等。

2. 病毒性疾病

（1）鱼类神经坏死病毒病（NNVD）　又称病毒性脑病和视网膜病，是严重危害多种海水鱼和部分淡水鱼的一种病毒病，尤其对仔鱼和幼鱼危害很大。宿主包括石斑鱼、鲷科鱼类、卵形鲳鲹、海鲈等。2017年，NNVD是广东省监测的主要病害，是目前石斑鱼"标粗"阶段导致黑身的重要疾病。2017年年初，珠海市斗门区白蕉镇某海鲈养殖池塘4～6厘米的海鲈鱼苗放苗第二天出现"黑身"、游水、打转，连续多日死亡率高，检出NNV，诊断本次"黑身"是NNV引起的。2017年下半年，对大亚湾某养殖场石斑鱼流行病学监测结果显示，NNV携带率达62.5％。

（2）鱼类虹彩病毒病　感染鱼类的虹彩病毒主要有3种，分别归属于蛙虹彩病毒、肿大细胞虹彩病毒和淋巴囊肿病毒。虹彩病毒主要感染石斑鱼、鲷科鱼类、美国红鱼及海鲈等。石斑鱼感染虹彩病毒初期，鱼只出现黑身趴地，每天少量死亡，整个疫情为1～2个月，感染率可高达100％，致死率60％以上。2017年上半年，美国红鱼GIV-M检出率为14.29％，海鲈GIV-M检出率为10.53％。其中，5、6月GIV-M发病较多，阳性检出率较高。除黑身外，还有一种石斑鱼苗的红头红嘴病症也很流行，发病初期一般是鳃盖上出现血性红点，随后发展到头部上下颚。PCR检测显示，石斑鱼蛙病毒（GIV-R）阳性，细胞培养也分离到病毒，推断GIV-R是造成红头红嘴病的致病病原。2017年下半年，对大亚湾某养殖场流行病学监测结果显示，GIV-M携带率达14.2％，GIV-R携带率达39.8％。

（3）虾类病毒病　主要包括白斑综合征（WSSV）、克氏原螯虾虹彩病毒病（CQIV）、对虾传染性皮下与造血组织坏死病（IHHNV）。根据 2017 年广东省监测数据分析，WSSV 阳性率为 12.5％，WSSV 的阳性样品检出主要在 6～8 月，该季节水温较高（25～35℃），较为容易暴发白斑病。全省养殖虾类发病主要在粤西和珠三角高密度养殖区域，对虾传染性皮下与造血组织坏死病（IHHNV）阳性率为 20％。IHHNV 的阳性样品检出主要在 5～7 月，该季节水温较高（25～32℃），较为容易暴发 IHHNV。该病发病范围广，受到感染的养虾池中死亡率极高。此外，新的流行性病害——克氏原螯虾虹彩病毒（CQIV），又称对虾血球虹彩病毒（SHIV）病，在广东省也有检出。据国家虾蟹产业体系报告，CQIV 在养殖对虾的检出率约为 10％。

（4）蟹类病毒病　拟穴青蟹是广东省重要的海水养殖品种之一。从"嗜睡病"青蟹体内分离而来青蟹呼肠孤病毒（MCRV），是造成拟穴青蟹死亡的最重要病原之一。患病青蟹可出现血淋巴凝固性下降、血淋巴透明、肠道透明、鳃丝水肿等症状。患病青蟹活动力差，伏于池底、不摄食，解剖发现肠道呈透明状。2017 年，广东省台山养殖青蟹监测结果显示，MCRV 一扩阳性率约在 55％，二扩阳性率在 91％以上。6 月一扩阳性率高达 95％。

（5）贝类病毒病　据报道，感染贝类的病毒为疱疹病毒科、乳多空病毒科、披膜病毒科、反转录病毒科、呼肠孤病毒科、双 RNA 病毒科和小 RNA 病毒科等。其中，双 RNA 病毒、牡蛎疱疹病毒（OsHV）和鲍疱疹病毒（AbHV）3 种病毒得到比较广泛的研究。国内对于上述贝类病毒病的病例报道还较少。对广东省贝类养殖影响最大的一类病毒主要是疱疹病毒，包括感染双壳类牡蛎的 OsHV（牡蛎疱疹病毒）和感染腹足纲鲍的 AbHV（鲍疱疹病毒）。

3. 寄生虫病

（1）海水小瓜虫病　病原为刺激隐核虫，是海水鱼类养殖中最常见、致病力最强的寄生虫之一。虫体主要寄生在宿主鱼的体表、鳍、鳃等处，形成肉眼可见的小白点，故又称做"白点病"。几乎能寄生于所有海水鱼类，水温在 25～28℃、每年的 5 月下旬至 7 月中旬和 9 月中旬至 11 月下旬是刺激隐核虫病的高发季节。2017 年广东阳江闸坡网箱养殖鱼类是海水小瓜虫病暴发最严重的地区，在 6～9 月期间，该病导致卵形鲳鲹、大西洋鲷、鲵、石斑鱼、红鳍笛鲷、军曹鱼、美国红鱼、刀鲚等共 630 吨鱼死亡，经济损失达 2 343.2 万元。广东湛江雷州东里港在 10 月 21～23 日 3 天内，导致卵形鲳鲹死亡 5 000 多吨，损失达 1 亿多元。

（2）海水本尼登虫病　广东省沿海网箱养殖鱼类最常见、危害严重的寄生虫病之一。本尼登虫是扁形动物门、吸虫纲的单殖类吸虫，隶属多室科。本尼登亚科的一类海水鱼类体表寄生单殖吸虫，其中，以梅氏新本尼登虫的危害最为严重，感染严重时可引起宿主眼球红肿、充血甚至脱落，病鱼不久即因衰竭而死亡。该虫可寄生于石斑鱼、大黄鱼、高体鰤等多种鱼类，水温在 25～26℃ 时其种群增长速度最快。2017 年 4～5 月，阳江养殖的卵形鲳鲹苗期曾暴发该病，导致卵形鲳鲹苗体表烂身，从而引起大量死亡；9～10 月在惠州、阳江、湛江等地网箱养殖的卵形鲳鲹，均不同程度地感染了本尼登虫；9～10 月柘林湾养殖的斜带髭鲷、黄尾鰤也受到本尼登虫感染困扰，导致大量鱼眼变瞎，造成一定量的死亡。

（3）虾肝肠孢虫病　也称为肝胰腺微孢子虫病。病原为虾肝肠孢虫，成熟虫体呈椭圆形，孢子长度大小为 0.7～1.1 微米。2004 年最早发现于泰国，2009 年被正式命名。目前，EHP 已对全球对虾产业构成严重威胁，东南亚各国等均检出该病原。EHP 感染可引起对虾生长出现迟缓，但无明显的早期临床症状，也并不导致对虾死亡。广东深圳、珠海、湛江养殖的斑节对虾、凡纳滨对虾被检测出 EHP 阳性，阳性率达到 49.4%。这表明 EHP 已经在广东地区养殖的虾类中流行传播。斑节对虾和凡纳滨对虾是 EHP 的易感宿主，且可以通过水平和垂直传播感染虾类。

（4）贝类派琴虫病 派琴虫是一种病原性寄生虫，几乎可以感染所有海产贝类，引发贝壳闭合障碍、生长缓慢、性腺发育减缓等病症。高强度感染时会导致贝类大规模死亡，能感染贝类软体组织，生活史简单，无需中间宿主即可发育成熟，增殖速度快、感染力较强，易造成跨种传播。一般在每年 4～6 月和 8～10 月期间，派琴虫感染率和感染丰度较高，在世界范围内造成牡蛎、鲍、蛤仔等主产养殖种类大规模死亡。据调查，广东养殖的几乎所有贝类如香港牡蛎、菲律宾蛤仔、海湾扇贝等，均不同程度地感染了派琴虫。2017 年 3～6 月，广东台山广海湾养殖的牡蛎出现大规模死亡，其派琴虫的感染率达 80% 以上；同一时期在惠州、珠海、湛江一带相继出现牡蛎死亡事件，调查结果都显示出派琴虫的高感染率现象。

（二）淡水养殖动物病害状况

2017 年，广东省淡水养殖产量为 369.69 万吨。主要养殖鱼类有草鱼、罗非鱼、加州鲈、鳜、乌鳢、鳗鲡、鲢、鳙、鲤、鲫等；虾类主要为南美白对虾、罗氏沼虾等。然而，随着水产养殖业的快速发展，水产病害问题日渐突出，常规疾病持续发生，新疾病不断出现，经济损失重大，生态环境压力与食品安全问题凸显，严重威胁水产养殖业的健康可持续发展。1～3 月，全省由于受强冷空气影响出现低温阴雨天气，造成养殖的温水性鱼虾类出现冻伤、冻死的现象。随着水温的上升，前期冻伤后的养殖品种诱发感染，造成病害流行暴发。6～10 月是全省气温、水温最高的季节，养殖水生动物进入快速生长期，炎热的天气既是水生动物生长的黄金季节，也是水产养殖病害的高发期、死亡率高的阶段。

1. 细菌性疾病

（1）淡水鱼细菌性败血症 细菌性败血症是我国危害鱼的种类最多、流行地区最广、流行季节最长、造成损失最大的一种急性传染病。该病主要是由嗜水气单胞菌（*Aeromonas hydrophila*）和维氏气单胞菌（*Aeromonas veronii*）等引起。危害的对象主要是鲫、团头鲂、鲢、鳙、鲤、鲮及少量草鱼、青鱼等。从夏花鱼种到成鱼均可感染，以 2 龄成鱼为主，且不仅是精养池塘发病，网箱、网拦、水库养鱼等也都发生。发病严重的养鱼场发病率高达 100%，重病鱼池死亡率高达 95% 以上。2017 年，全省主要淡水养殖鱼类不同程度地流行该病，流行时间为 3～11 月，高峰期常为 5～9 月，10 月后病情有所缓和。水温 9～36℃ 均有流行，以水温持续在 28℃ 以上尤为严重。

（2）草鱼细菌性烂鳃、赤皮、肠炎 草鱼细菌性烂鳃、肠炎、赤皮病，又称草鱼"老三病"，是草鱼养殖过程中的常见病，分别由柱状黄杆菌（*Flavobacterium columnare*）、肠型点状气单胞菌（*Aeromonas punctata fintestinalis*）和荧光假单胞菌（*Pseudomonas fluorescens*）感染所致。其主要症状包括病鱼鳞片脱落，形成蛀鳍；鳃丝点状充血，末端腐烂；肛门红肿突出，轻压腹部，有血黄色黏液流出，腹腔积液，肠管充血发炎。2017 年，草鱼"老三病"在广东省养殖区不同程度地发生，4～10 月是此类疾病的高发期，各种规格的草鱼均可发病，死亡率高。其中，细菌性烂鳃，又称"乌头瘟""开天窗"，各个阶段均可发生；赤皮病多发于 2～3 龄大鱼，当年鱼也发生，尤其是在捕捞、运输后，受伤鱼更易发病；细菌性肠炎主要危害当年草鱼，有的鱼池死亡率高达 90% 以上。

（3）淡水鱼类结节病　一种严重危害鲈、乌鳢等特色养殖鱼类的细菌性疾病之一。该病的病原主要有 2 种，一种病原为舒伯特气单胞菌（*Aeromonas schubertii*），主要病症为花身（体表斑点状出血），肝、脾、肾等内脏有大量白点，胃、肠充血发红等，几乎所有规格的鲈、乌鳢均可发病；另一种病原为鰤诺卡氏菌（*Nocardia seriolea*），主要症状为内脏有白色结节，后肾有巨大囊肿物，也常见花身、凸眼，鳃白色结节等。该病原引起的结节病为一种慢性细菌病，以感染 2 龄鱼为主，但水质持续恶化时新鱼也可发病；高温期也常常与舒伯特气单胞菌病混合感染。两种病原引起的症状极为相似，都统称为淡水鱼类结节病。2017 年，广东省养殖鲈、乌鳢主养区发病严重，造成巨大的经济损失。该病流行温度范围广，从 15～33℃ 均可发生，在高温期尤为流行。其宿主范围也在不断扩大，鳜、罗非鱼、笋壳鱼等也可观察到零星发病案例。

（4）罗非鱼链球菌病　链球菌病是危害罗非鱼养殖业主要的细菌性疾病，由无乳链球菌（*Streptococcus agalactiae*）或海豚链球菌（*Streptococcus iniae*）感染所致。链球菌病传染性强，感染罗非鱼后常造成严重的急性死亡。感染的罗非鱼通常表现为翻转或转圈游泳，眼球突出，眼眶充血，腹部膨大，肛门红肿。组织病理学表现为鳃充血，肾脏受损、肿大、白细胞浸润，肝脏颗粒变性，肠道黏膜上皮变性、坏死、脱落、膜上炎性白细胞浸润，眼睛脉络膜和眶骨膜组织炎性坏死等。2017 年，广东粤西、珠三角等罗非鱼养殖主养区域的多个养殖场监测结果显示，罗非鱼链球菌病流行高峰为 6～10 月，水温 32℃ 以上高发。该病多发于水质差、养殖密度大的养殖区域，且水温越高，病情越重。此外，与水体中存在大量的链球菌也有直接的联系。

（5）淡水鱼爱德华菌病　由爱德华氏菌所引起的鱼类感染症，常统称为鱼类爱德华菌病。在广东省养鳗业中，迟缓爱德华氏菌的感染也构成了一种常见危害严重的病害。迟缓爱德华氏菌（*Edwardsiella tarda*）对鳗的感染，在白仔鳗入池开始摄食后就可能暴发，继之到黑仔鳗时的自然感染死亡率可达 90%～95%，幼鳗感染后的死亡率有所降低（70%～75%）；感染可发生于全年，缺乏明显的季节性，在水温 20℃ 以上时均可发生，但一般认为水温在 15℃ 时就能发生，高峰期多出现在水温 25～30℃ 时，一般于春季和夏季易发流行。而由鲴爱德华氏菌（*Edwardsiella ictaluri*）所引起的鱼类爱德华菌病，主要是斑点叉尾鲴肠道败血症（enteric septicemia of catfich, ESC）。在世界卫生组织《国际水生动物卫生法典》第三版（2000）中，将 ESC 列为重要的鱼病。主要危害斑点叉尾鲴和黄颡鱼等鱼类，鳖、黑鲈、鳙等也可被感染发病。ESC 的急性流行常在水温 18～28℃ 时，在此温度范围以外带菌的鱼群体只有少数发病死亡，有一定的季节性。2017 年，广东省养殖的鳗、黄颡鱼等均有发生爱德华菌病，其发病率约 30%。

（6）虾急性肝胰腺坏死病　俗称"偷死病""早期死亡综合征"。病原为具有毒性基因 PirA 和 PirB 的弧菌，以副溶血弧菌多见，偶见哈维氏弧菌或其他种类弧菌。该病主要发生在南美白对虾上，患病的虾活力减弱，行动迟缓；虾壳变软，体色呈白浊并微红，肝胰腺质地松软，颜色淡白或淡黄色，继而萎缩等症状，部分对虾的肝胰腺明显萎缩或者异常肥大，发生坏死，空肠空胃。该病于 2008 年开始，在我国全国沿海地区的对虾养殖主产区暴发。此病传播广，致病性强，死亡率高。2017 年，广东省多处淡水养殖的南美白对虾暴发该疾病，有的在苗种投放 10 天即可发病死亡，其排塘率最高达 80% 以上，部分区域甚至造成全军覆灭，经济损失巨大。

2. 病毒性疾病

（1）草鱼出血病　草鱼出血病是危害我国草鱼养殖业最为严重的一种病毒性疾病，由草鱼呼肠孤病毒（grass carp reovirus，GCRV）引起。GCRV属呼肠孤病毒科（Reoviridae）、水生呼肠孤病毒属（*Aquareovirus*，ARV），是我国分离鉴定的第一株鱼类病毒，是水生呼肠孤病毒属中致病力最强的毒株。病毒粒子具有双层衣壳、无囊膜、立体对称的二十面体球形颗粒，直径范围为55～80纳米，主要由蛋白质和核酸组成，还含有少量以糖蛋白的形式存在的糖类，不含脂类。该病侵害当年草鱼鱼种，发生严重的急性感染后，死亡率高达60%～90%。2017年，该病在广东省草鱼养殖区域均有流行，4～10月是其主要流行季节，高峰期在8～9月，流行期水温为25～30℃，具有发病急、传播迅速且发病季节长、死亡率高等特点。

（2）鲫造血器官坏死病 俗称鳃出血病或大红鳃病，是养殖鲫最为严重的传染性疾病之一。自2007年在中国江苏省发生并传播，随后蔓延至全国鲫主养区，其病原为鲤疱疹病毒Ⅱ型（cyprinid herpesvirus 2，CyHV-2）。患病鲫体色发黑，体表以广泛性充血或出血为主要症状，尤其以鳃盖、下颌、前胸和腹部最为严重。患病鱼鳃丝肿胀，濒死鱼鳃血管易破裂而出血，病鱼解剖后可见淡黄色或者红色腹水，肝、脾、肾等器官肿大、充血，鳔壁出现点状或斑块状充血。鲫造血器官坏死症流行范围广，传播速度快，死亡率高，危害严重，该病的致死率最高可达90%～100%。2017年，广东省多处鲫养殖场暴发该疾病，流行温度范围广，从10～33℃均可发生，以15～27℃最为严重。水温27℃以上时，发病死亡逐步减少；超过32℃时，没有鲫死亡。然而夏季过后，水温降低至25℃以下时，该病又开始发生；直到水温降到15℃以下时，发病才逐渐停止。

（3）鳜传染性脾肾坏死病 鳜传染性脾肾坏死病是养殖鳜最为严重的传染性疾病之一。1994年，在珠三角地区开始暴发流行，现已蔓延至全国主要鳜养殖区。该病流行范围广，传播速度快，危害严重，每年养殖鳜发病率达30%以上，年直接经济损失超过10亿元。临床症状主要有鳍基部出血，鳃呈灰白，部分感染鱼体色变黑，体表无损伤。解剖病理显示，脾脏和肾脏略肿大，呈灰褐色；部分感染鱼类消化道和腹腔有浅黄色积液。组织病理主要表现为脾肾感染细胞肿大，直径是未感染细胞的4～5倍。病原为传染性脾肾坏死病毒（infectious spleen and kidney necrosis virus，ISKNV），是虹彩病毒科、肿大细胞病毒属代表种。2017年，广东省主要鳜养殖区均有该病的暴发流行，4～10月是主要的流行季节，发病水温为25～34℃。2017年，广东省ISKNV阳性率为46.1%。

（4）淡水鱼病毒性烂身病 病原为虹彩病毒蛙病毒属病毒（frog iridovirus）。该病毒可以感染加州鲈、鳜、乌鳢和笋壳鱼等特色淡水鱼类，近两年对广东省加州鲈和鳜的养殖造成了巨大的损失。患病鱼的主要特征是体表溃烂。不同规格的鱼均能暴发此病。2017年，在烂身的加州鲈上检测的病毒阳性率高达92%；鳜该病毒的阳性率这两年来有上升趋势，患有该病鱼的死亡率达30%～60%。

（5）虾白斑综合征 白斑综合征是危害对虾养殖业的重要传染性疾病，病原为白斑综合征病毒（white spot syndrome virus，WSSV）。该病于1993年在我国台湾、广东、福建等地率先发现，随后扩散并遍及全球主要对虾养殖国家和地区，造成全球性的对虾养殖业流行病。可以感染南美白对虾、罗氏沼虾、克氏原螯虾、日本对虾、斑节对虾、长毛对虾、墨吉对虾等。患病虾首先离群，沿池边游动；停止吃食、空胃；反应迟钝，游泳不规则，时而漫游于水面或伏于水底；体表甲壳内表面出现十分明显的白斑，发病后期腹部变白，有的体色微红，甲壳容易剥离，鳃水肿，肝胰腺肿大；对外界反应不敏感；血淋巴不凝固、混浊。主要危害对虾幼虾及成虾养殖期（幼体期发病不显著），感染率达11%，死亡率90%以上。18℃以下为隐性感染，水温20～26℃时发病猖獗，为急性暴发期。从出现症状到死亡只有3～5天的时间，甚至更短。此病的感染率较高，7天左右可使池中70％以上的虾得病，甚至死亡。在理化因素突然改变或其他不利条件下，特别是暴雨后容易出现大量急性死亡。该病毒主要是水平传播，一些小型甲壳动物是主要传播媒介。根据2017年广东省监测数据分析，WSSV阳性率为12.5％。WSSV的阳性样品检出主要在6～8月，该季节水温较高（25～35℃），较为容易暴发白斑病。

（6）虾虹彩病毒病 病原为虾虹彩病毒（shrimp hemocyte iridescent virus，SHIV），属于虹彩病毒科，于2014年在严重死亡的南美白对虾上发现。虾虹彩病毒不仅感染南美白对虾，还可以感染克氏原螯虾、红螯螯虾、中国对虾、青虾和罗氏沼虾。感染虾虹彩病毒的主要症状是游水、趴边，身体微红，肝胰腺萎缩，空肠空胃；虾造血组织、鳃丝、肝胰腺、附肢和肌肉的血细胞中出现嗜碱性包涵体和核固缩现象；罗氏沼虾感染SHIV（虾虹彩病毒病）的症状特征就是，在额剑基部出现一块白色三角形区域，空肠空胃，肝胰腺变黄色浅，卧底和反应迟钝等。感染后期的对象，会有黑脚的症状。文献报道，"黑脚虾"中的病毒含量高于"非黑脚虾"。另外文献记载，病原经分离、复感，15天内致死率为100％。据虾蟹产业体系报告，广东省虾虹彩病毒病在养殖对虾的检出率约为10％。

（7）虾传染性皮下和造血器官坏死病 病原为传染性皮下和造血器官坏死病毒（infectious hypodermal and hematopoietic necrosis virus，IHHNV），属细小病毒科，单链DNA病毒。主要危害南美白白对虾和斑节对虾。急性型病虾仅游泳反常，不食不动很快死亡；亚急性型病虾甲壳上有白或淡黄色斑且易脱落，空胃，血液不凝结，多在蜕皮时死亡。虾传染性皮下和造血器官坏死病毒感染南美白对虾，则引起矮小畸形症候群，虽不会导致死亡，但畸形率高，成长缓慢且不齐，可造成高达50％的经济损失。IHHNV主要是水平传播，主要通过带毒虾、食物链或互相残食、受污染水体而引起水平感染。其中，以吃食病虾的传染性最高；带毒虾还通过垂直传播感染子代。2017年，广东省对虾传染性皮下与造血组织坏死病（IHHNV）阳性率约为20％，主要发生在5～7月，该季节水温较高（25～32℃），较容易暴发该病。

（8）虾偷死野田村病毒病 病原为偷死野田村病毒（covert mortality nodavirus，CMNV），属于野田村病毒科、α野田村病毒属。CMNV是2009年以来，导致我国养殖对虾发生偷死病的主要病原。患病虾部分呈现"黑脚"症；对感染偷死野田村病毒的南美白对虾组织进行切片观察，可见白色肌肉的肌纤维破裂、凝固、溶解、坏死。横纹肌中的多灶性坏死区，可见血细胞的浸润和核固缩。肝胰腺细胞质空泡化，并在肝胰腺的腺管上皮细胞中可见嗜酸性包涵体。在一些感染的对虾中，还可见肝胰腺细胞核肿胀，淋巴球体可见包涵体和核固缩。2017年，广东省偷死野田村病毒的阳性检出率为16.3％。

3. 寄生虫病

（1）淡水小瓜虫病 又称为白点病，是危害淡水养殖鱼类的主要纤毛类寄生虫病。其病原是多子小瓜虫（*Ichthyophthirius multifliis*），隶属于纤毛门、寡膜纤毛纲、膜口亚纲、膜口目、凹口科、小瓜虫属。小瓜虫对宿主无选择性，几乎可感染所有的淡水养殖鱼类，常寄生于鱼的皮肤、鳍、头、口腔及眼部等部位，形成肉眼可见的小点状白色包囊，严重时鱼体浑身可见小白点，引起体表各组织充血，同时伴有大量黏液，表皮糜烂、脱落，甚至蛀鳍、瞎眼；病鱼体色发黑、消瘦、游动异常；病情严重时，鱼体覆盖一层白色薄膜，病鱼食欲减退、游动迟钝，漂游水面。2017年，小瓜虫病在广东省各个养殖区均有流行，小瓜虫繁殖适宜水温为15～25℃，水温15～20℃为发病高峰。此病多在 3～6 月、9～11 月发生，尤其在缺乏光照、低温、缺乏饵料、水质清瘦及鱼体受伤、抵抗力低的情况下易流行，苗种期间感染率极高。

（2）**虾肝肠孢虫病**　也称肝胰腺微孢子虫病。病原为虾肝肠孢虫（enterocytozoon hepatopenaei，EHP），成熟虫体呈椭圆形，孢子长度大小为 0.7～1.1 微米。2004 年最早发现于泰国，2009 年被正式命名。目前，EHP 已对全球对虾产业构成严重威胁，东南亚各国等均检出该病原。EHP 感染可引起对虾生长出现迟缓，但无明显的早期临床症状，也不导致对虾死亡。2017 年，广东省深圳、珠海、湛江养殖的斑节对虾、凡纳滨对虾被检测出 EHP 阳性，阳性率达到 49.4%，表明 EHP 已经在广东地区养殖的虾类中流行传播。斑节对虾和凡纳滨对虾是 EHP 的易感宿主，且可以通过水平和垂直传播感染虾类。

（三）渔用药物及病害防控

1. 国家政策及法规

水产动物病害按照病原分类，可分为细菌性疾病、病毒性疾病、寄生虫性疾病和真菌性疾病。目前，针对水产养殖中的细菌性疾病，主要防控方法是使用抗菌药物，水产养殖中允许应用的抗生素共有 28 种以上。随着高密度养殖业的迅速发展，海水养殖环境源的细菌对各类药物的耐药状况呈逐年上升的趋势，部分地区海水细菌的多重耐药率达 29% 以上。养殖过程中抗菌药物的大量使用，尤其存在乱用、滥用等现象；而养殖污水的随意排放，更扩大了抗生素污染范围。这不仅易造成药物残留、抗生素的不科学使用，还是导致耐药性的主要原因。

2015 年，农业部发布了第 2292 号公告，禁用了洛美沙星等 4 种抗生素。2016 年发布了第 2428 号公告，禁用了硫酸黏杆菌素。2017 年 3 月，农业部起草了《全国遏制动物源细菌耐药行动计划（2017—2020 年）》，禁用更多的抗生素，如金霉素、黄霉素等。因此，在水产养殖过程中使用药物需充分了解相关规定，合理科学使用。

2. 病害防控在渔业经济发展过程中的目标和任务

广东省渔业的健康可持续发展，就病害防控而言，疾病的高灵敏度快速诊断技术、水产专用药物创制与安全使用技术、渔用疫苗研制与产业化工程技术，是未来重要的发展方向。在疫病综合防控技术体系构建与示范，应在水产主养区域、重点苗种场、养殖龙头企业，构建基于疫病监测、预警预报、健康管理、药物防治、免疫预防等关键技术的疫病综合防控技术体系，构建从源头抓起的全产业链水产养殖健康管理、病害防治与质量安全控制体系，进行试验示范，达到有效控制疫病的目的，实现水产养殖业"高效、优质、生态、健康、安全"的目标。

中国是畜禽、水产养殖大国，也是兽用抗菌药物生产和使用大国。兽用抗菌药物在防治动物疾病、提高养殖效益中发挥了重要作用。然而，目前兽用抗菌药物市场秩序不规范、养殖环节使用不合理、科学安全用药意识不强等问题较为突出，动物源细菌耐药性风险评估和防控体系薄弱，致使水生细菌耐药率逐步攀升，形势严峻。耐药率上升将导致药物疗效降低，迫使养殖用药增加，从而造成药物毒副作用加剧、药残超标等恶性循环，严重威胁水产品的质量安全和公共卫生安全，给人类和动物健康带来极大的隐患。综合治理水产用抗菌药物，遏制水生细菌耐药性，是推动水产养殖业供给侧结构性改革、保障水产品质量安全的关键环节。

十一、水产品质量安全管理

（一）水产品质量安全概况

广东是水产品养殖大省，也是水产品消费大省。2017年，养殖产量834万吨，位居全国第二，约占全国水产品总产量的13％。2017年，全省常住居民人均水产品消费量22千克，位居全国前列。由于毗邻港澳，广东省也是港澳鲜活水产品的主要生产和保障基地。为确保粤港澳地区的水产品质量安全，水产行业主管部门多措并举，加强水产品质量安全监管，使广东省水产品质量安全水平一直走在全国前列。2017年，广东省水产品抽检总体合格率为98.1％，继续保持较高水平，水产品质量安全状况总体平稳向好，没有发生重大水产品质量安全事件，保障了人民群众"舌尖上的安全"。

（二）水产品质量安全法规

为保障水产品质量安全，加强水产品质量安全管理，维护公众的身体健康和生命安全，促进渔业经济可持续发展，根据《中华人民共和国农产品质量安全法》《中华人民共和国食品安全法》《中华人民共和国渔业法》《中华人民共和国动物防疫法》等法律法规，2017年6月2日广东省人大审议通过《广东省水产品质量安全条例》，并于9月1日正式施行，构建了"政府负责、部门尽责、企业守责、司法惩治、公众参与"的水产品质量安全治理新格局，使广东省水产品质量安全工作步入法制化轨道。这是继《食品安全法》出台后我国第一部水产品质量安全地方性法规，为广东省水产品质量安全管理提供了法律保障。

《广东省水产品质量安全条例》的出台，得到了农业部领导的高度评价。农业部于康震副部长6月2日批示："《广东省水产品质量安全条例》的出台在全国各地水产品立法方面是开先河之举，体现了广东渔业人的主动作为、敢于担当精神。请渔业局安排予以宣传。"农业部农产品质量安全监管局和渔业渔政管理局也分别以专报的形式，对广东省的做法在全国进行推广宣传，予以充分肯定。

为确保《广东省水产品质量安全条例》贯彻落实，2017年广东省海洋与渔业厅联合省食药监局等部门，在全省部署开展了《条例》宣贯工作。组织了18场各类条例宣传、专家解读等宣贯活动，活动参与达到8 000多人次，得到了《中国渔业报》《南方日报》《羊城晚报》《广州日报》、广东电视台和中新网等主流媒体、政府网站和政务新媒体的聚焦报道。促进水产品生产经营者知法敬法、知法守法，政府及其相关部门工作人员明责知责、履职尽责，社会公众依法维权、支持监管，参与监督，营造了《广东省水产品质量安全条例》宣传落实的良好氛围。

（三）水产品检测支撑体系

经过多年水产品质量安全体系建设，广东省已经形成了以 3 家部/省级质检中心为龙头，11 家地市级水产品检测中心为骨干，115 家基层快速检测站为辅助，以及食药局、农产品质检机构为补充，基本覆盖全省的水产品质量安全检验检测网络。

为有效开展水产品质量安全监管工作，着力提高全省检测机构能力水平，广东省海洋与渔业厅 2016 年成立了"广东省水产品质量安全检测技术专家组"，履行检测技术归口职责，发挥技术支撑作用。

为确保水产品检测机构符合水产品检测基础条件，持续提高水产品质检机构检测技术水平，广东海洋与渔业厅多措并举，促进检测机构技术能力提升。一是根据《农产品质量安全法》和《农产品质量安全检测机构考核办法》要求，对从事水产品检测的检测机构开展机构考核，以确保其持续具备水产品质量安全检测机构的基本条件和技术能力。2017 年，组织专家对全省 4 家检测机构开展机构考核到期复评审工作。二是每年组织开展水产品检测机构检测能力验证工作，以确保检测机构检测结果准确可靠。2017 年，对全省 27 家涉及水产品检测机构开展检测能力验证，以盲样测试的方式考核检测机构测定水产品中违禁药物孔雀石绿残留的准确性。通过能力验证，大大地促进基层实验室检测技术水平的提高。三是验证检测机构检测数据的可靠性。广东省海洋与渔业厅委托农业部渔业环境及水产品质量监督检验测试中心（广州）每年按照一定比例，从承担广东省水产品监控任务的水产品检测机构抽取一定比例的样品进行样品复测。四是定期进行人员培训。2017 年，分批次对 11 家检测机构管理人员、检测人员、抽样人员进行检测技术和法律法规培训，共计 163 人次，大大提升了基层检测队伍的业务素质和水平。五是定期组织开展养殖水中药残快检产品质量验证，遴选出一批质量优、检出灵敏的快检产品，作为养殖环境中药残快检的首推新产品。2017 年，广东省海洋与渔业厅对 6 家企业生产的氯霉素、孔雀石绿等两类违禁药物快速检测产品进行了验证，筛查出应用简便、质量合格的产品，用于养殖环境违禁药物的快速检测。

（四）水产品质量安全监管措施

1. 水产品质量安全监督监测

为水产品质量安全管理提供数据支持，合理制定监管策略，广东省不断强化水产品质量安全监控。针对水产品质量安全关键环节，2017 年完成养殖苗种药残监督样品 484 批次，养殖产地水产品监督样品 795 批次，养殖生产投入品 360 批次，养殖环境监测样品 4 263 批次，市场销售环节水产品药残监测样品 440 批次，严密监控了养殖水产品从产地到市场的质量安全状况。针对重点品种进行风险隐患排查，2017 年完成养殖鱼类风险监测样品 170 批次，海区增养殖贝类风险监测样品 450 批次，天然水域鱼类有毒有害物质风险监测样品 400 批次，养殖紫菜有毒有害物质风险监测样品 130 批次，海蜇有毒有害物质风险监测样品 100 批次，为这些重点品种的质量安全风险评估和政策制定积累了重要数据。针对重点危害因子开展专项监测，2017 年完成水产品生物毒素专项监测样品 432 批次，贝类药残监控样品 400 批次，水产品组胺风险监测样品 200 批次，水产品激素类监测样品 100 批次。此外，为确保重大节日期间水产品质量安全，2017 年在元旦、春节、中秋、国庆节和其他重大活动期间完成监控样品 1 579 批次。全年共完成18 279批次样品的监测工作，超过全国下达广东省抽检数量的 18 倍。对抽检不合格样品发出执法通知书，并组织对不合格产品进行无害化处理，防止抽检不合格水产品流入市场。对地方水产品质量安全监管部门进行通报和约谈，并将通报转报给当地政府。

2. 水产品质量安全执法整治

根据国家农产品质量安全专项整治方案，2017 年广东省组织开展了水产品"三鱼两药"的专项整治执法行动。针对监督抽查和风险监测中发现的问题，相继在顺德、中山、湛江、阳江、惠州、茂名、佛山、清远、江门等地组织开展"一月一行动"专项整治行动。全省共出动执法人员9 792人次，车辆 2 716 辆次，检查场地5 158个，查处违规案件 37 宗，教育警告 22 宗，做出行政处罚 15 宗，罚款 9.29 万元。其中典型案例有：云浮市水产品苗种案，判处涉案人有期徒刑 6 个月，缓刑 1 年，并处罚金人民币 2 000 元；佛山水产品苗种案，销毁 2 起阳性产品，并处以10 000元罚款的处罚决定。

3. 水产品质量安全知识宣传

通过广播、电视、报刊等传统媒体和网络、手机移动终端等数字化新媒体，广泛开展水产品质量安全科普知识，把宣传教育贯穿于工作全过程和渔业生产经营的各个环节。举办各类大型质量宣传活动近 10 场，印发宣传资料 4 万份，有效提升了广大从业者懂法守法的自觉性；举办以"放心渔资进乡村　质量兴渔保安全"为主题的"渔资打假"下乡活动暨水产品质量安全专项整治行动，活动期间共发放宣传资料 4 000 余份，解答群众咨询200 余人；举办2017 年省水产品质量安全宣传周暨省水产品质量安全条例宣贯活动。通过一系列的宣传活动，强化安全养殖意识，引导理性消费，巩固水产品质量安全的保障基础。

4. 水产品质量安全追溯

为实现水产品源头可追溯、流向可跟踪、信息可查询、责任可追究，广东省积极推进水产品溯源制度建设。佛山市通过构建养殖企业动态基础数据库，通过信息化管理，严格产地标识管理，控制水产品流通，确保每批次水产品信息可追溯，消费者通过手机扫描追溯码就可获取水产品的产地信息和生产者信息。东莞市对重点养殖品种建立标识管理，利用"互联网＋"技术、通过二维码信息标识为鲜活水产品提供"健康证"。中山、珠海、清远、汕头、茂名等地也已经着手推进水产品质量安全溯源管理，全省范围内实施水产品可追溯未来可期。

5. 流通环节水产品质量安全监管

为实现"让广东水产品安全进京，让进京水产品安全，让北京市民吃上安全的广东水产品"的目标，2017 年，广东省食品安全委员会办公室、广东省海洋与渔业厅、广东省食品药品监督管理局和北京市食品药品安全委员会办公室、北京市食品药品监督管理局、北京市农业局等两地、六方机构在北京共同签署了京粤两地《加强区域间鲜活水产品产销对接监管合作框架协议》。广东省监管部门对供北京的鲜活水产品生产、销售企业加强日常监管，督促企业严格按照规范生产经营，做好供北京鲜活水产品的养殖、检测、运输等工作，保障产地、流通环节水产品质量安全；北京市监管部门督促销售企业落实进货查验、索证索票、检验检测等工作，确保所销售鲜活水产品来自产销对接单位，保障鲜活水产品销售安全。水产品流通企业在收购前、运输前等环节均对水产品进行药物残留监测，并将检测结果报送北京市场监管部门。2017年，为督促水产品流通企业规范经营，广东省组织专家对5家产销对接企业进行飞行检查，对企业的生产经营资质、养殖环境管理、养殖投入品管理、产品购销记录、质量安全检测与运输过程控制等进行了核查，并提出改进措施。

（五）水产品质量安全监管模式创新

1. 水产品质量安全跨部门会商

广东省海洋与渔业厅联合广东省食药监局、广东出入境检验检疫局等水产品质量安全相关单位，建立了"一月一主题"联合会商机制。召集业内相关重点水产品生产、经营单位、行业协会和各地水产品质量安全监管部门，定期开展水产品安全状况综合分析和风险研判，加强信息通报，集中研究水产品质量安全的突发事件和热点问题，确定重点风险隐患，制定工作预案防患于未然。让学者听到行业的声音，让行业听到学者的智慧，让管理者找到了方法和方向。召开了构建安全鲜活水产品产销对接监管机制会商、水产品质量安全监控计划实施情况会商、研究建立水产品质量安全风险隐患排查台账会商、通报2017年农业部水产品质量安全风险监测有关情况会商、"注胶虾"事件、食用水产品质量安全追溯体系建设等12次形式多样、参与面广的联席会商会，共计超过300人次参加。有效增强了信息沟通，有利于及时开展风险研判，制定突发事件应对预案，提升了水产品质量安全风险防控和应急处理能力。

2. 推动健康生态养殖

各市通过举办专家讲座、赠送资料、科普下乡和企业展示等途径，传授健康养殖技术，宣传渔业投入品滥用的危害，引导渔农规范使用投入品，累积培训渔农超过2 000人次，发放资料3 000份，推动渔业投入品的减量化（包括免用），对提高水产品质量安全、推广健康生态养殖起到良好促进作用。目前，全省建成无公害产地427个，获农业部认证的无公害水产品542个，绿色水产品7个，有机水产品1个，获得地理标志认证水产品2个。信宜市凼仔鱼、台山青蟹获得国家地理标志保护农产品认证。制定省级渔业地方标准282项，初步建成以国家标准为基础、行业标准为依托、省级标准为配套、覆盖全产业链的渔业标准体系。2017年，新创建45个农业部水产健康养殖示范场通过验收。

3. 推动品牌建设促进产品安全

积极与各地市及相关行业协会合作互动，推进"一月一品牌"推介活动。将品牌建设与特色水产品优势区、水产品质量安全示范区建设相结合，加强"三品一标"等质量安全认证，树立一批优质水产品品牌、企业品牌和区域品牌，以品牌引领安全、开拓市场。2017年，先后组织了中山脆肉鲩、顺德均安草鲩、东莞笋壳鱼、茂名罗非鱼、清远北江特色渔业、湛江对虾、梅州客都草鱼、广州南沙青蟹、肇庆罗氏沼虾、汕头紫菜、阳西县程村蚝、深圳沙井蚝等12场品牌推广会，组织国内外知名品牌专家、行业权威人物传经送宝，共计超过3 000人次参加了品牌推广会。

4. 推动产销对接模式建设

京粤两地实行水产品"产销对接"的模式，这是全国首个跨部门、跨省区加强水产品质量安全联合监管的重大突破，是促进鲜活水产品质量安全监管水平提升的有益探索。通过以广东何氏水产、八达水产、佛山勇记水产、鱼兴港水产、广州香良水产等大型水产品生产、流通企业示范，率先开展与北京市"产销对接"试点工作。"产销对接"模式，不仅构建了水产品从生产到消费环节的质量安全监管体系，解决了鲜活水产品产、管脱节，异地监管协作难的问题，还将水产品质量安全监管的政府行为扩展成为流通企业的自主行为，利用这种市场逆淘汰的机制，促使水产品生产者"不敢"用药，促使经营单位自觉把好质量关，推动生产经营各方主动履责自觉维护水产品质量安全。

（六）水产品质量安全监管发展趋势

全面贯彻落实党的十九大和中央农村工作会议、全国农业工作会议精神，以习近平新时代中国特色社会主义思想为指导，围绕实施乡村振兴战略和农业供给侧结构性改革主线，坚持质量第一、效益优先、绿色导向的渔业发展重点，坚持质量兴渔、品牌强渔，大力促进增强质量意识，推进渔业标准化生产，严格全过程监管，提高渔业发展质量、效益和竞争力，不断满足人民群众对美好生活的向往和追求。

（1）强化责任意识，全面落实工作部署 继续推进落实党政同责、地方政府属地管理责任和生产经营者主体责任，切实强化产地监管，创新监管机制，采取有力措施，严把鱼塘到餐桌的每一道防线。建立健全"两法衔接"工作机制，落实"双随机一公开"制度，完善约谈、通报、信息公布、举报奖励等制度，规范抽样、检测、执法、处置等行为，强化监督和考核，深入开展普法宣传工作，推进水产品质量安全社会共治。

（2）强化部门联动，推进全过程监管 在省食安办的指导协调下，进一步统筹水产品质量安全工作，健全沟通协调、决策咨询、风险研判、风险交流等工作机制，强化多部门联合会商、联合整治、联合监管，继续推行"一月一会商"，探索开展产地与市场监管的有效衔接，配合食药监部门完善、落实水产品市场准入机制，完善追溯倒查体系，倒逼产地水产品质量提升。

（3）强化"产出来"，提质量保安全 结合农业部"农业质量年"活动，大力推进标准化、规范化生产，抓好绿色生产，开展清洁生产，推进水产养殖节水减排，推广标准化健康养殖模式。

（4）强化"管出来"，深入开展专项整治 创新监管机制，加强基层能力建设，深入开展质量安全专项整治行动，进一步加大执法处罚力度。对重点品种、重点区域、重点环节加强巡查执法和"一月一行动"，健全"两法衔接"工作机制，严把从鱼塘到餐桌的每一道防线，做到有报必查、有查必果，坚决防范系统性、区域性水产品质量安全风险。

（5）强化"树起来"，推进品牌引领 开展名牌水产品评选，提高水产品品牌意识，推进"一月一品牌"，将品牌建设与特色水产品优势区、水产品质量安全示范区建设相结合，加强"三品一标"等质量安全认证，树立一批优质水产品品牌、企业品牌和区域品牌，以品牌引领安全、开拓市场。

（6）扩大"产销对接"，加快水产品"走出去" 继续推进鲜活水产品智慧冷链物流运输模式，深化"产销对接"，引导更多生产经营企业建立"产销对接安全水产品创建单位"，吸引更多国内外水产品批发市场成为全省产销对接的合作单位。

十二、水生生物资源养护

2017年以来，全省认真贯彻《中国水生生物资源养护行动纲要》（国发〔2006〕9号）和《关于促进海洋渔业持续健康发展的若干意见》（国发〔2013〕11号）的要求，以"创新、协调、绿色、开放、共享"五大发展理念为指导，以资源环境保护和经济协调发展为目标，努力践行生态文明建设，加大水生生物资源养护工作力度，积极开展增殖放流、海洋牧场和人工鱼礁建设，加强水生生物栖息地保护，严格执行休（禁）渔制度，努力推动生物多样性和濒危物种保护工作。

（一）水生生物资源增殖放流

1. 增殖放流年度执行情况

全省坚持把增殖放流工作作为保护水生生物资源、转变渔业发展方式、提高渔民收入、维护渔区社会稳定的重要举措。2017年，全年共开展海洋经济物种增殖放流活动36次，投入资金978万元，放流约22 567万尾。其中，规格大于1.5厘米的斑节对虾10 452万尾、刀额新对虾9 834万尾、长毛对虾200万尾；规格大于4厘米的黄鳍鲷656万尾、黑鲷810万尾。共开展淡水经济鱼类增殖放流67次，投入资金1 571万元，放流约11 095万尾。其中，规格大于4厘米的"四大家鱼"（青鱼、草鱼、鲢、鳙）7 606.5万尾、鲮1 650万尾、广东鲂323.5万尾；放流珍稀濒危水生野生动物中国鲎10.35万尾、胭脂鱼1 316尾、绿海龟198尾。2017年9月，农业部安排全省中央财政增殖放流转移支付项目资金1 642万元，用于渔业增殖放流44 459万尾（粒），资金和具体放流任务已分解下达到各市（县、区）（图1-15）。

2. 增殖放流效果评估

监测结果表明，全省的增殖放流取得了良好的效果。在珠江口和大亚湾水域进行对虾和鱼类标志放流，回捕率为3.3%～16.2%。表明增殖放流确实增加了放流物种的资源量，有效改善了生物种群结构，提高了生物多样性。资源量的增加间接促进了渔民的增产增收，维护了广大渔民的根本利益。同时，全省各地每年进行增殖放流的同时，通过各种媒体广泛开展宣传活动，使得广大人民群众充分认识到渔业资源衰退的严重性，提高了人民群众的资源环境保护意识，并积极投入到增殖放流这项公益活动之中。

3. 增殖放流规范管理

一是成立增殖放流工作领导小组，组织、协调和监管增殖放流的实施；二是及早部署，认真组织，针对具体水域的增殖放流种类和数量、放流时间，结合资金投入额度和实施单位的实际，制定

图 1-15　2017 年珠海横琴放流活动

年度增殖放流实施方案，并会同财政部门组织专家评审论证，提高科学性和可操作性；三是按照"公开、公平、公正"的原则，通过政府采购方式，向社会公开招标确定苗种生产供应单位，按程序及时向社会公示放流区域、时间、品种、规格和数量等相关情况；四是严格执行《广东省水生生物资源增殖放流工作规范》《广东省水生生物资源增殖放流技术规程》等管理制度，实行规范放流，并依法检验检疫，确保放流物种健康无病害、无禁用药物残留；五是开展科普宣传，通过在电视、广播、报刊、网络和手机等大众媒体宣传报道、发放宣传资料、安排人员讲解等形式，向社会、群众普及水生生物资源增殖养护理念和知识，引导社会公众科学参与放流。

（二）海洋牧场和人工鱼礁建设

1. 积极创建国家级海洋牧场示范区

2017 年，广东省成功创建 4 个国家级海洋牧场示范区：茂名大放鸡岛海域、阳江山外东海域、遂溪江洪海域和陆丰金厢南海域国家级海洋牧场示范区。之前创建成功的龟龄岛东、万山海域、汕尾遮浪角西海域和南澳岛海域 4 个国家级海洋牧场示范区，共获得农业部 11 500 万元资金支持，在持续建设中。

2. 开展全省人工鱼礁建设可行性研究及规划工作

计划在调查和分析全省海洋渔业资源和生态环境现状、社会经济现状、人工鱼礁建设现状和需求的基础上，开展全省沿海人工鱼礁区选划并对拟规划礁区进行底质勘探，编制《广东省沿海人工鱼礁建设可行性研究报告》，并适当超前规划，编制《广东省沿海人工鱼礁建设规划（2017—2025）》，为未来 10 年全省沿海人工鱼礁的建设工作提供科学指导。

3. 规范海洋牧场和人工鱼礁管理

全省严格执行《广东省人工鱼礁建设管理规定》，积极落实《广东省沿海人工鱼礁建设总体规划》和《广东省海洋牧场建设规划》，进一步完善从建设方案制定及论证、招标采购、合同签订、资金使用到组织实施的相关规章制度。对礁区选址、礁体设计制作、工程施工、验收、投放等做出了明确规定。设立监督电话、投诉信箱、聘请渔民监督员，构建多层次的监督网络。委托会计师事务所和工程咨询公司，直接参与人工鱼礁资金使用审计、图纸审核和论证，既增强规范性、科学性，又有效避免了不当的行政行为发生。委托工程质量监督检测部门，对礁体质量进行钻芯法抽检，符合设计要求方能投放，海上礁体投放委托有资质的监理单位现场监督，保证人工鱼礁的建设投放质量。加大科技投入，提高人工鱼礁礁型和结构设计、材料选择、礁群布局等工作的科学水平，合理选择增养殖鱼虾贝类、藻类的品种及规格。构建实时监测系统，跟踪监测海洋牧场示范区的生态环境、资源状况，建立生态、经济和社会效益评估机制，科学分析海洋牧场示范区建设成效。统筹协调，争取海洋工程项目生态补偿资金、金融资本及其他社会资本用于海洋牧场和人工鱼礁建设，推动海洋牧场规模化发展。

4. 取得的成效

全省先后投入资金 8 亿元，建成人工鱼礁 50 座，礁区核心区面积达 300 平方千米。人工鱼礁区生态资源调查结果显示，海域环境和生物资源状况改善明显。礁区渔业资源生物种类比投礁前平均增加 2.04 倍、最高增加 3.83 倍；渔业资源密度比投礁前平均提高 8.67 倍、最高提高 26.63 倍。采用资源增殖评估方法和海洋牧场生态服务功能评估模型进行计算，已建成的海洋牧场示范区，每年直接经济效益达 7 093 万元/万亩[*]（包括捕捞收入、养殖收入、旅游收入等），每年生态效益达 3 740 万元/万亩（包括水质净化调节、生物调节与控制、气候调节、空气质量调节等）。跟踪监测表明，人工鱼礁和海洋牧场建设，有效地重建了已遭破坏的重要水生生物资源的产卵场、重要渔场等关键栖息地，修复了海洋环境，增殖了渔业资源，促进了渔民增产增收。

（三）渔业资源保护

1. 海洋渔业资源总量管理制度

印发《广东省加强海洋渔船管控和海洋渔业资源总量管理实施方案》（粤海渔〔2017〕195号），明确到 2020 年，全省压减纳入国家海洋捕捞渔船数据管理的渔船 4 782 艘、主机总功率245 250 千瓦（港澳流动渔船船数和功率数保持不变）；全省海洋捕捞（不含远洋捕捞）总产量减少到 1 130 742 吨以内。与沿海各地级以上市渔业主管部门签署《加强国内海洋渔船控制与管理责任书》和《落实海洋渔业资源总量管理制度责任书》，以确保海洋渔船"双控"和海洋捕捞总产量控制任务的顺利完成。

2. 海洋伏季休渔制度

根据《农业部关于调整海洋伏季休渔制度的通知》（农业部通告〔2017〕3 号）规定，全省2017 年伏季休渔时间调整为 5 月 1 日至 8 月 16 日，较往年延长了 1 个月。休渔对象扩大为除钓具外的所有作业类型，应休渔船数增至 40 633 艘。为积极应对 2017 年伏季休渔制度的大幅度调整，全省专门组织开展了"护渔 2017-3"休渔执法行动。全省沿海渔政队伍共出动执法船 1 007 艘次、

---

[*] 亩为非法定计量单位，1 亩＝1/15 公顷。——编者注

艇 5 644 艘次，执法车 2 078 辆次，执法人员 34 349 人次，检查渔船 17 928 艘次，查获违规案件 1 050 宗（其中，违反休渔规定案件 339 宗），收缴"三无"船舶 133 艘，对严重违法的涉渔"三无"船一律就地拆解，对不服从管理的一律将船吊上岸，对违规偷捕的一律扣押至休渔期后处理。

3. 珠江禁渔期制度

根据农业部《关于发布珠江、闽江及海南省内陆水域禁渔期制度的通告》（农业部通告〔2017〕4 号），全省 2017 年珠江禁渔时间调整为 3 月 1 日至 6 月 30 日，较往年延长了 2 个月，扩大了禁渔区范围。在禁渔初期，坚持执法与宣传相结合，对违规行为以驱赶和劝告为主，既落实了禁渔制度，又避免了执法矛盾的发生。在日常执法监管中，建立了对管辖水域和渔船网格化监管和分片分船分人管理制度，落实监管责任，加大对主要捕捞水域、交界水域、违规捕捞高发水域、渔获物装卸点和水上停泊点等的执法检查，效果显著。大力推动部门联合执法，建立区域执法联动机制，不定期地开展联合执法监管，形成了联合监管合力。在珠江禁渔期间，全省渔政队伍共出动执法人员 14 793 人次，执法船艇 2 821 艘次，执法车辆 1 657 辆次，检查渔船 1 828 艘次；查获违规渔船 145 艘，没收"三无"船舶 41 艘，电鱼工具 229 套，没收渔获物 2 334 千克，罚没款 8.61 万；清拆滩边罾万余米，迷魂阵 844 起，没收各类渔网及虾笼等其他违规渔具 7 708 张（个）。向公安机关移送涉刑案件 38 宗，刑拘 53 人。

4. 幼鱼保护相关工作

根据《农业部办公厅关于做好违规渔具清理整治工作的通知》（农办渔〔2017〕24 号）和《关于开展违规渔具清理整治督导检查的通知》（农渔船函〔2017〕56 号）的要求，加强捕捞渔具管理，切实落实"滩涂不见禁用陷阱类作业、近岸不见禁用耙刺及地拉网作业、渔具网目尺寸明显改善"的管理要求。组织开展广东省 2017 年违规渔具清理整治专项执法行动，组成 3 个督察组，分别对粤东、粤中、粤西 3 片对全省各地区违规渔具清理整治行动开展情况进行专项督察。共立案查处禁用渔具案件 11 宗、拆除违规渔具 5 826 张、10.406 3 万米、定制网桩 5 347 根，移送司法机关案件 25 宗，涉案人员 41 名。

（四）生物多样性与濒危物种保护

1. 国家级水产种质资源保护区建设

2017 年，全省划建 1 处国家级水产种质资源保护区——浰江大刺鳅黄颡鱼国家级水产种质资源保护区。位于河源市，主要保护对象为大刺鳅、黄颡鱼、鲇，其他保护对象包括花鳗鲡、鲤、鲫、斑鳠、青鱼、草鱼、鲢、鳙、光倒刺鲃、大眼鳜等，保护区面积为 160 公顷。截至 2017 年，全省共划建 17 个国家级水产种质资源资源保护区。其中，海洋类 4 个，内陆类 13 个（表 1-24）。这些保护区分布于全省主要江河流域以及部分海湾、岛礁海域，对保护水产种质资源、防止重要渔业水域被不合理占用、促进渔业可持续发展以及维护广大渔民权益具有重要的现实意义。全省各级渔业主管部门严格按照《水产种质资源保护区管理暂行办法》（农业部令 2011 年第 1 号）的有关要求，组建国家级水产种质资源保护区工作领导小组，明确各保护区管理机构，积极争取支持，配备相应的管理、执法、技术人员和设施，切实强化各保护区管理措施，加大对水产种质资源的保护力度，发挥保护区应有的作用。

表 1-24　广东省国家级水产种质资源保护区名录

序号	所在地	名　　称	建立时间
1	江门市	上下川岛中国龙虾国家级水产种质资源保护区	2007 年
2	广州市	流溪河光倒刺鲃国家级水产种质资源保护区	2007 年
3	梅州市	石窟河斑鳠国家级水产种质资源保护区	2007 年
4	肇庆市	西江广东鲂国家级水产种质资源保护区	2007 年
5	阳江市	海陵湾近江牡蛎国家级水产种质资源保护区	2008 年
6	广州市	增江光倒刺鲃大刺鳅国家级水产种质资源保护区	2008 年
7	云浮市	西江赤眼鳟海南红鲌国家级水产种质资源保护区	2008 年
8	肇庆市	西江肇庆段鲤鱼国家级水产种质资源保护区	2009 年
9	清远市	北江英德段大眼鳜国家级水产种质资源保护区	2009 年
10	韶关市	凌江特有鱼类国家级水产种质资源保护区	2010 年
11	汕尾市	榕江特有鱼类国家级水产种质资源保护区	2010 年
12	湛江市	鉴江口尖紫蛤国家级水产种质资源保护区	2011 年
13	韶关市	新丰江特有鱼类国家级水产种质资源保护区	2011 年
14	汕尾市	汕尾碣石湾鲻鱼长毛对虾国家级水产种质资源保护区	2012 年
15	江门市	潭江广东鲂国家级水产种质资源保护区	2012 年
16	梅州市	平远柚树河斑鳠国家级水产种质资源保护区	2013 年
17	河源市	浰江大刺鳅黄颡鱼国家级水产种质资源保护区	2017 年

2. 濒危物种专项救护和迁地保护

完成"广东省白海豚保护行动计划"，基本掌握广东水域中华白海豚种群数量、分布、活动范围、活动规律、栖息地利用特征信息。

2017 年，广东珠江口中华白海豚国家级自然保护区管理局共监测 71 天次，监测时间 351 小时，总航程约 7 000 千米，监测范围从内伶仃岛以南到江门大襟西。目击中华白海豚 380 群次，共 2 180 头次。珠江口水域栖息的中华白海豚在数据库新增 234 头，累计已识别海豚 2 367 头（图1-16）。

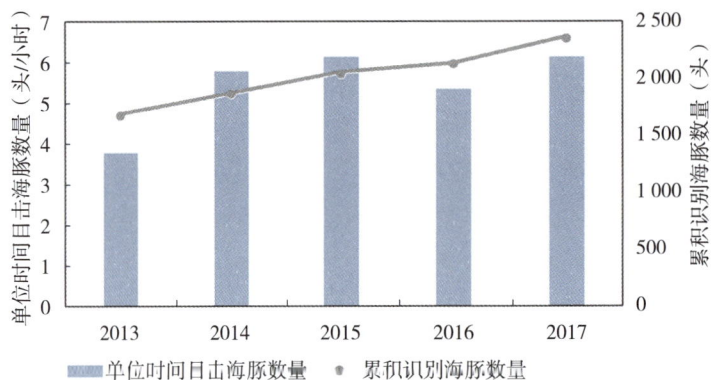

图 1-16　2013—2017 年珠江口中华白海豚保护区海豚监测变化情况

图 1-17　珠江口中华白海豚监测

　　构建并逐步完善了"广东中华白海豚管理信息平台""广东中华白海豚保护管理网络"和"广东中华白海豚宣传救护网络",强化了救护能力与公众保护意识。及时开展濒危物种救护行动。湛江市徐闻县渔政大队联合边防、公安成功查获非法运输绿海龟 10 只,并移送保护区实施进一步救护;深圳、惠州渔业主管部门联合有关部门对搁浅抹香鲸实施救护;珠江口中华白海豚保护区管理局救护并放归了 1 头在江门市黑沙湾风景区沙滩搁浅的雌性糙齿海豚,这是广东首例,也是国内外极少数成功救护的案例。惠东海龟国家级自然保护区管理局成功实现海龟全人工繁殖,5 只海龟顺利产下 20 窝共 1 616 枚卵,填补国内海龟全人工繁殖的技术空白。

十三、渔业环境

（一）海洋天然重要渔业水域水环境质量状况

依据《2017年广东省海洋环境状况公报》，广东省海洋与渔业厅在全省近岸海域开展了冬季、春季、夏季和秋季4个航次的海水环境监测。监测内容包括水温和盐度等水文要素以及pH、无机氮、活性磷酸盐、石油类、化学需氧量、溶解氧和重金属等水质要素。

2017年，全省近岸海域水质总体优良，年均水质优良面积比例为81.5%，与2016年相比，略有降低。冬季、春季、夏季和秋季水质优良面积比例分别为82.1%、82.7%、79.7%和81.6%；劣于第四类海水水质标准的海域面积比例分别为7.8%、6.8%、10.4%和8.4%，主要分布在珠江口、汕头港、湛江港等局部海域。主要超标因子为无机氮和活性磷酸盐。

2013—2017年，广东省近岸海域水质总体保持优良，优良水质面积比例平均值为84.6%，在79.0%～89.4%波动，无大幅度增加或下降现象。2013—2017年，海水水质存在一定年际波动，优良水质面积比例平均年际波动幅度为3.0%。导致年际变化的原因，主要是受降水因素（降水量、地域分布）的影响，河口海域尤其是珠江口海域非优良水质面积比例变化明显（表1-25）。

表1-25　2017年广东省各类水质占近岸海域面积的比例*

监测时段	各水质占近岸海域面积的比例（%）				
	第一类	第二类	第三类	第四类	劣四类
冬　季	61.6	20.5	7.0	3.1	7.8
春　季	64.8	17.9	6.4	4.1	6.8
夏　季	69.6	10.1	6.8	3.1	10.4
秋　季	65.2	16.4	6.4	3.6	8.4

*　依据《海水水质标准》（GB 3097—1997），按照海域的不同使用功能和保护目标，海水水质分为四类。第一类：适用于海洋渔业水域，海上自然保护区和珍稀濒危海洋生物保护区；第二类：适用于水产养殖区，海水浴场，人体直接接触海水的海上运动或娱乐区，以及与人类食用直接有关的工业用水区；第三类：适用于一般工业用水区，滨海风景旅游区；第四类：适用于海洋港口水域，海洋开发作业区（图1-18、图1-19）。

2017年，实施监测的海洋功能区水质达标率总体偏低，年平均达标率为60.4%，冬季、春季、夏季和秋季水质平均达标率分别为64.2%、62.2%、57.1%和58.2%。实施监测的7类海洋功能区中，农渔业区水质达标率最高，年均值为74.0%；工业与城镇用海区和矿产与能源区水质达标率较低，年均值分别为51.4%和50.0%。与2016年相比，海洋功能区水质达标率年均值略有降低，主要是旅游休闲娱乐区水质达标率有所降低，年均值由82.7%降至62.0%（表1-26）。

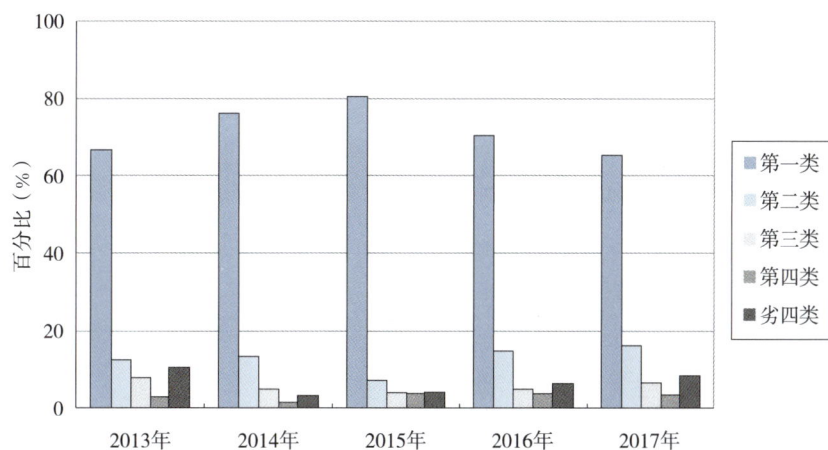

图 1-18 2013—2017 年各类水质占近岸海域面积的百分比

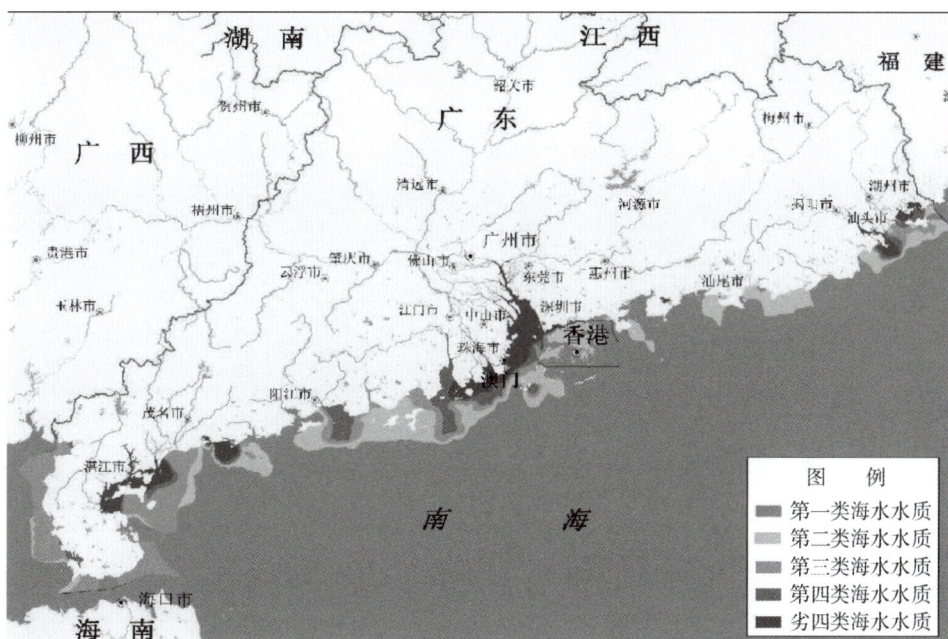

图 1-19 2017 年广东省近岸海域水质状况示意图

表 1-26 2017 年全省近岸自然渔业水域海洋功能区水质四季达标情况

序号	主要功能区	要求水质类别	水质达标率（%）				主要超标因子
			冬季	春季	夏季	秋季	
1	工业与城镇用海区	第三类	44.4	50.0	55.6	55.6	无机氮、活性磷酸盐
2	旅游休闲娱乐区	第三类	58.3	61.5	61.5	66.7	无机氮、活性磷酸盐
3	农渔业区	第二类	76.5	70.6	76.5	70.6	无机氮、活性磷酸盐
4	海洋保护区	第一类	50.0	36.8	55.6	58.8	无机氮、活性磷酸盐
5	港口航运区	第四类	55.6	61.1	70.6	52.9	无机氮、活性磷酸盐
6	矿产与能源区	第四类	50.0	50.0	50.0	50.0	无机氮、活性磷酸盐
7	保留区	维持现状	73.0	73.0	64.0	64.0	无机氮、活性磷酸盐

（二）海洋天然重要渔业水域沉积物环境质量状况

依据《2017年广东省海洋环境状况公报》，广东省海洋与渔业厅2017年在全省近岸海域开展沉积物质量监测。共布设96个监测站位，监测项目包括重金属、石油类、滴滴涕、多氯联苯、硫化物、有机碳和六六六等。监测结果显示，全省近岸海域沉积物综合质量总体良好。粤东和粤西近岸海域沉积物质量总体良好，良好站位比例分别为91.0%和88.0%；珠三角近岸海域沉积物质量总体一般，良好站位比例为37.0%，超第二类海洋沉积物质量标准的污染因子主要为石油类、铜、锌和镉（图1-20）。

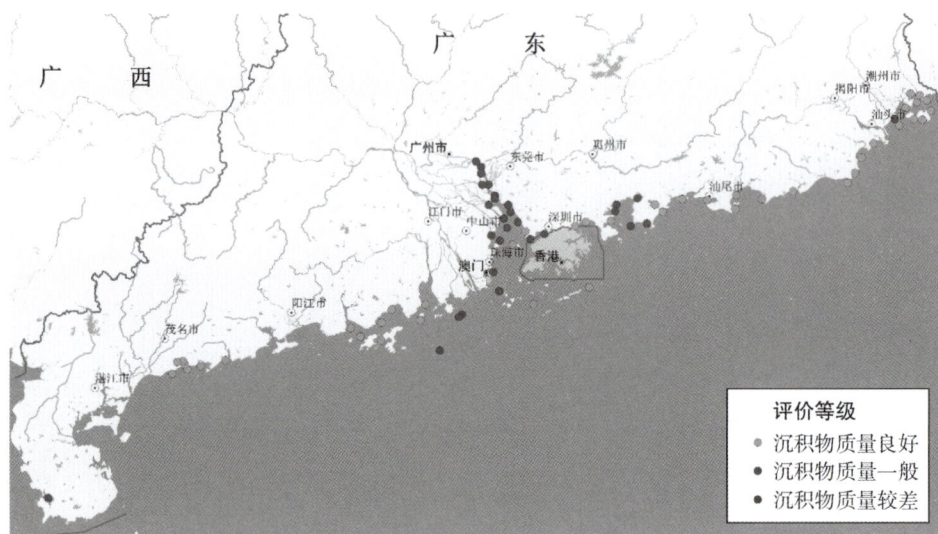

图1-20　2017年广东省近岸渔业水域沉积物质量评级等级示意图

（三）海水重点增养殖区环境质量状况

依据《2017年广东省海洋环境状况公报》，2017年总体水质状况能够满足增养殖区功能的要求，影响增养殖区环境质量状况的主要因素是部分增养殖区水体的无机氮和活性磷酸盐含量较高。沉积物质量基本能够满足海水增养殖区功能的要求。与2016年相比，2017年深圳南澳海水增养殖区综合环境质量等级升高，湛江流沙湾网箱养殖区综合环境质量等级降低，其他增养殖区综合环境质量等级保持不变。

潮州柘林湾海水网箱养殖区主要养殖方式为网箱，主要养殖种类为美国红鱼、石斑鱼、鲷科鱼等，环境质量为优良等级，满足功能区环境质量要求，部分站位无机氮和活性磷酸盐指标超第二类海水水质标准；深圳东山海水增养殖区主要养殖方式方式为吊养和网箱，主要养殖种类为牡蛎、扇贝和红鳍等，环境质量为优良等级，满足功能区环境质量要求，部分站位活性磷酸盐和石油类超过第二类海水水质标准；深圳南澳海水增养殖区主要养殖方式为吊养和浮筏，养殖主要种类为石斑鱼、扇贝和鲉类等，环境质量为优良等级，满足功能区环境质量要求，部分站位无机氮超过第二类海水水质标准；珠海桂山港海水网箱养殖区主要养殖种类为军曹鱼、鲷科鱼和石斑鱼等，环境质量为较好等级，一般能满足功能区环境质量要求，部分站位无机氮、活性磷酸盐、石油类和化学需氧量指标超过第二类海水水质标准；湛江流沙湾网箱养殖区主要养殖方式为吊养、高位池塘和深水网箱，主要养殖种类为南美白对虾、金鲳鱼和石斑鱼等，环境质量为较好等级，一般能满足功能区环境质量要求，部分站位无机氮和石油类超第二类海水水质标准（表1-27）。

表 1-27　2017 年海水增养殖区综合环境质量等级*

序号	增养殖区名称	综合质量等级	
		2016 年	2017 年
1	潮州柘林湾海水网箱养殖区	优良	优良
2	深圳南澳海水增养殖区	较好	优良
3	深圳东山海水增养殖区	优良	优良
4	珠海桂山港海水网箱养殖区	较好	较好
5	湛江流沙湾网箱养殖区	优良	较好

*综合环境质量等级：根据海水增养殖区的环境质量要求，综合各环境介质中的超标物质类型、超标频次和超标程度，将海水增养殖区的综合环境质量级分为四级。优良：养殖环境质量优良，满足功能区环境质量要求；较好：养殖环境质量较好，一般能满足功能区环境质量要求；及格：养殖环境质量及格，个别时段不能满足功能区环境质量要求；较差：养殖环境质量较差，不能满足功能区环境质量要求（图1-21、图1-22）。

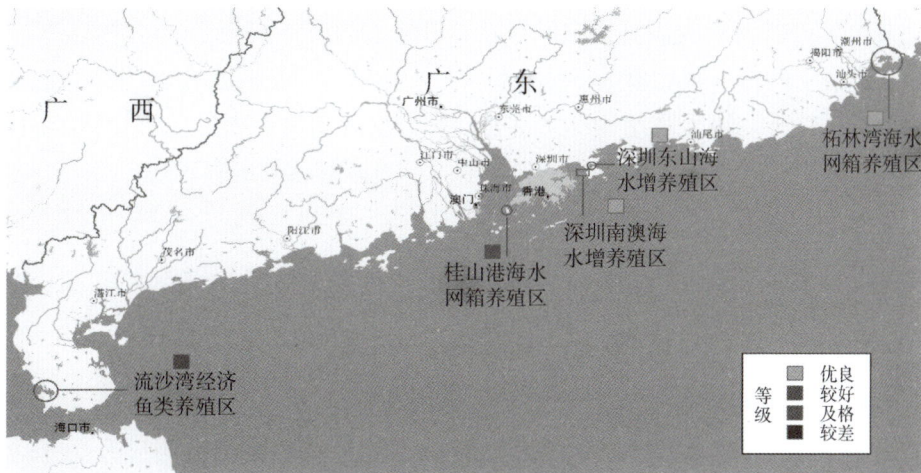

图 1-21　2017 年广东省沿海养殖区环境状况

图 1-22　潮州柘林湾海水网箱养殖区

（四）内陆渔业水资源状况

根据珠江水利委员会《2017年水资源公报》，广东省2017年降水量3 083.3亿立方米，较2016年值偏少26.2%，较常年值偏少1.8%；广东省地表水资源量为1 774.2亿立方米，较常年值偏少2.4%；广东省2017年用水量达433.3亿立方米，其中，农业用水220.1亿立方米（林牧渔畜占15.2%），工业用水107.0亿立方米，生活用水100.9亿立方米，生态环境用水5.3亿立方米；广东省2017年废污水排放总量为116.3亿吨，其中，城镇居民生活废污水排放总量为42.9亿吨，第二产业废污水排放总量为54.7亿吨，第三产业废污水排放总量为18.7亿吨。

（五）内陆天然重要渔业水域水环境质量状况

1. 珠江河口江海鱼类洄游通道生态环境监测

2017年，珠江河口水质综合污染指数均值为1.09，水质总体属重污染。污染物主要是总大肠菌群和总氮等。若按去年（不加入总大肠菌群）15个指标评价，则水质综合污染指数均值为0.632（2016年为0.61），水质属轻污染。

2017年，珠江河口江海鱼类洄游通道叶绿素α含量水平为0.15～11.15微克/升，较2016年有升高的趋势；浮游植物的密度平均值为594.875×10³个/米³，与2016相比明显降低，浮游植物生物多样性指数下降；浮游动物生物量569.7毫克/米³，浮游动物的密度与2016年相比升高，浮游动物生物多样性指数略微升高。浮游植物结果表明，调查水域水质有所改善。

2017年，珠江河口水产品生物残留的综合污染指数均值为0.22，污染程度属微污染，铬污染分担率较高。

2. 西江广东段广东鲂产卵场环境监测

2017年，西江广东段水质综合污染指数为1.05，属重污染，总大肠菌群为主要污染物。与历年统计结果相比，2017年水质综合污染指数比往年的平均综合污染指数明显升高（2016年以前没有统计总大肠菌群）。

西江广东段广东鲂产卵场总氮超标率为100%，总磷超标率为50%，非离子氨超标率8.33%，总大肠菌群超标率91.67%。总大肠菌群是西江广东鲂青皮塘产卵场和罗旁产卵场主要的污染物，分担率为31.04%、45.24%。青皮塘产卵场5月总大肠菌群的污染分担率为12.71%；8月总氮的污染分担率为49.38%。罗旁产卵场5月的总大肠菌群污染分担率为37.88%；8月总氮的污染分担率为52.60%。从时间角度看，青皮塘产卵场、罗旁产卵场水质综合污染指数均值在5月的均值分别为0.77和1.33，8月分别为1.19和0.94，属于中污染至重污染。

与前几年相比，浮游植物的种群密度明显提高，多样性指数有所升高；浮游动物种群密度、生物量和多样性指数略有下降，反映出水质状况有所恶化。

（六）国家和省级水产种质资源保护区环境状况

1. 海水部分

据《2017 年中国渔业生态环境状况公报》显示，台山市的上下川岛中国龙虾国家级水产种质资源保护区水体活性磷酸盐浓度、化学需氧量（COD）、石油类、铜、汞、铅、镉、砷和锌的浓度均优于海水水质一类标准，无机氮浓度略高于海水水质一类标准。

2017 年 5 月和 8 月，中国水产科学研究院南海水产研究所分别对大亚湾省级水产种质资源保护区水环境和沉积物环境进行调查。根据渔业水质标准，对本次调查海域的水环境质量进行评价。结果显示：调查海域少数站位的 pH 有超标的情况。5 月监测少数站位的无机氮和活性磷酸盐浓度超过了海水水质一类标准，但未超四类标准；8 月监测航次少部分站位的活性磷酸盐浓度超过了海水水质一类标准，但也未超四类标准。总体上，监测海域水质环境质量尚可，基本未受到污染（图1-23）。

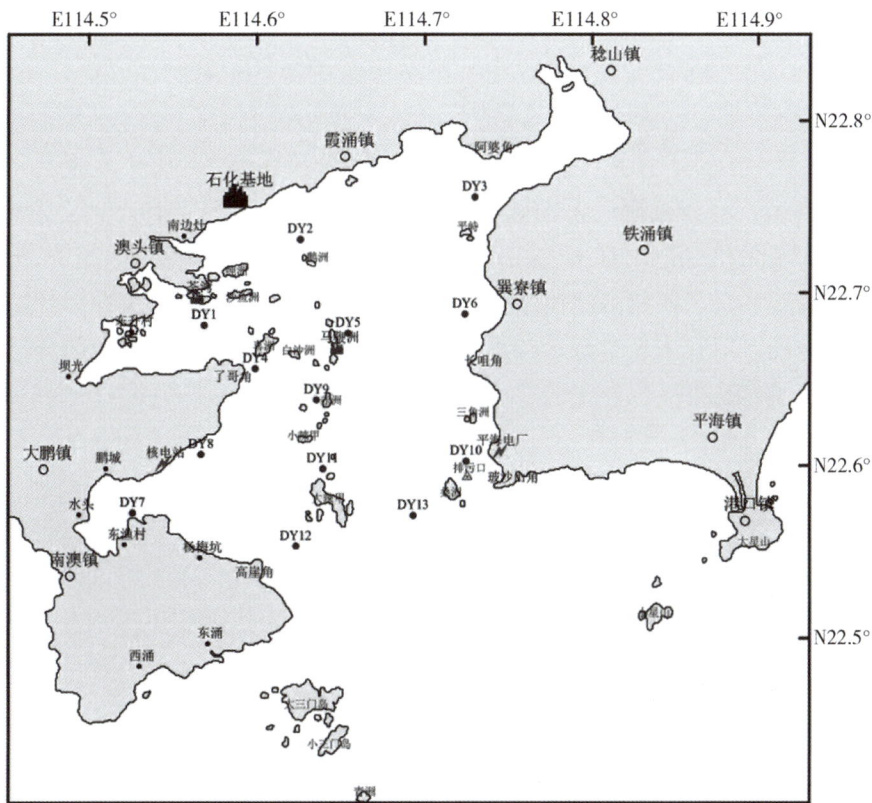

图 1-23　大亚湾水产种质资源采样站位图

（1）水体透明度和 pH　2017 年 5 月监测航次，调查海域透明度范围在 180～1 100米，平均透明度为 555.38 米；8 月监测航次，调查海域透明度范围在 50～750 米，平均透明度为 320.77 米。5 月监测平均透明度明显高于 8 月，站间差异较大，湾口和核电站附近透明度较高。8 月采样之前，大亚湾刚暴发过大规模赤潮，采样前一天超强台风过境，对大亚湾影响较大，湾内个别站位赤潮仍然严重，对海水透明度影响较大。由于台风的影响，湾口水体的搅动较剧烈，因此赤潮消散的较为迅速，且水深较湾内大，因此透明度也较湾内高。2017 年 5 月监测航次，调查海域 pH 范围在 8.09～8.98，平均为8.34；8月监测航次，调查海域pH范围在7.99～8.53。平均为8.13。5月监测pH稍高于8月；5月和8月航次少部分站位的pH超过渔业水质标准上限。

（2）水体溶解氧（DO）和无机氮　2017年5月监测航次，调查海域DO范围在5.91～7.02毫克/升，平均为6.42毫克/升；8月监测航次，调查海域DO范围在4.51～13.56毫克/升，平均为6.54毫克/升。5月监测DO各站波动不大，基本高于8月监测航次的DO。但由于赤潮的影响，湾内部分站位的溶解氧普通偏高于5月的DO，但各站位的DO均符合渔业水质标准（图1-24）。

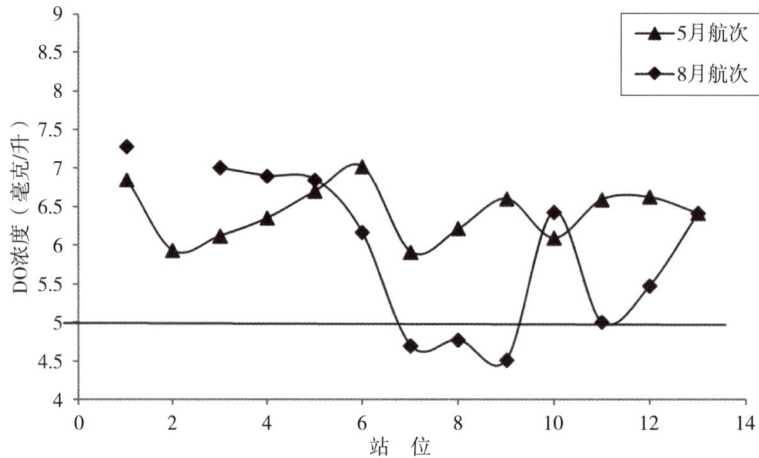

图1-24　大亚湾海域海水DO浓度

2017年5月监测航次，调查海域无机氮范围在0.023～0.324毫克/升，平均为0.1毫克/升；8月监测航次，调查海域无机氮范围在0.011～0.463毫克/升，平均为0.068毫克/升。5月监测航次，平均无机氮略高于8月，各监测站位平面分布差异较大。5月监测航次少部分站位无机氮超过海水水质一类水质标准，但并未超过海水四类水质标准；8月监测航次，绝大部分站位均未超过海水一类水质标准（图1-25）。

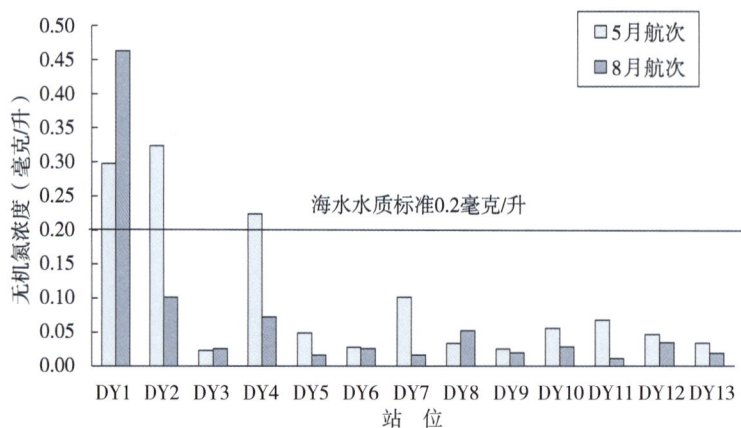

图1-25　大亚湾海域海水无机氮浓度

（3）水体活性磷酸盐和化学需氧量（COD）　2017年5月监测航次，调查海域活性磷酸盐范围在0.001～0.03毫克/升，平均为0.009毫克/升；8月监测航次，调查海域活性磷酸盐范围在0.004 6～0.023毫克/升，平均为0.01毫克/升。5月监测活性磷酸盐平均浓度略低于于8月航次，各监测站平面分布差异较大，各站位的活性磷酸盐浓度未超过海水水质一类标准。5月监测的

DY1、DY2、DY4 站位和 8 月监测的 DY1、DY2 站位的活性磷酸盐浓度超过海水水质一类标准，但并未超过四类标准，其余站位均未超过一类标准（图 1-26）。

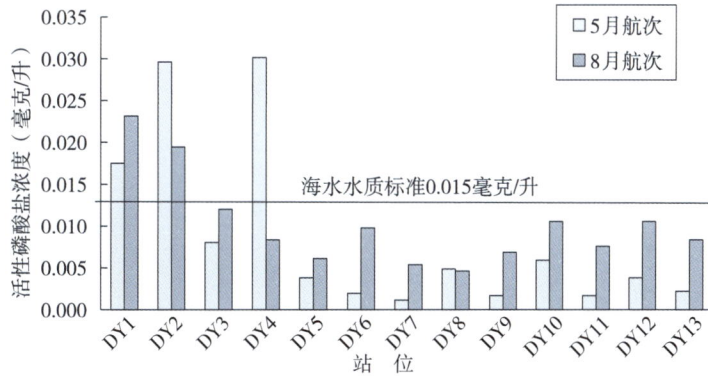

图 1-26 大亚湾海域海水活性磷酸盐浓度

2017 年 5 月监测航次，调查海域 COD 范围在 0.39～1.26 毫克/升，平均为 1.0 毫克/升；8 月监测航次，调查海域 COD 范围在 0.38～5.21 毫克/升，平均为 1.35 毫克/升。8 月航次的 COD 平均值高于 5 月，其中，8 月监测航次 DY2 由于站位处于赤潮中心，COD 浓度超过渔业水质标准，其余各站位 COD 均未超标（图 1-27）。

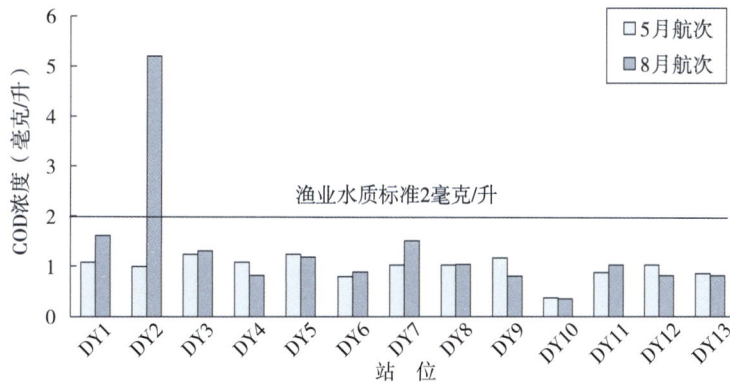

图 1-27 大亚湾海域海水 COD 浓度

（4）水体石油类和铜 2017 年 5 月监测航次，调查海域石油类浓度范围在 0.007～0.029 毫克/升，平均为 0.016 毫克/升；8 月监测航次，调查海域石油类浓度范围在 0.007～0.074 毫克/升，平均为 0.022 毫克/升。各监测站位差异不大，其中，8 月航次 DY11 站位石油类浓度最高。其余各站位石油类浓度均未超过渔业水质标准（图 1-28）。

2017 年 5 月监测航次，调查海域铜浓度范围在 1.5～2.6 微克/升，平均为 2.1 微克/升；8 月监测航次，调查海域铜浓度范围在 1.4～2 微克/升，平均为 1.54 微克/升。5 月监测航次的铜浓度略高于 8 月航次，各站位铜浓度均未超过渔业水质标准（图 1-29）。

（5）水体锌和铅 2017 年 5 月监测航次，调查海域未检出锌；8 月监测航次，锌浓度范围在 22.0～27.0 微克/升，平均为 25.08 微克/升。8 月监测航次的锌浓度高于 5 月监测航次，且各站位锌的浓度差异不大；各站位锌的浓度均未超过渔业水质标准。

2017 年 5 月监测航次，调查海域铅浓度范围在 1.46～3.32 微克/升，平均为 2.61 微克/升；8 月监测航次，调查海域铅浓度范围在 1.64～2.69 微克/升，平均为 2.22 微克/升。5 月监测航次的

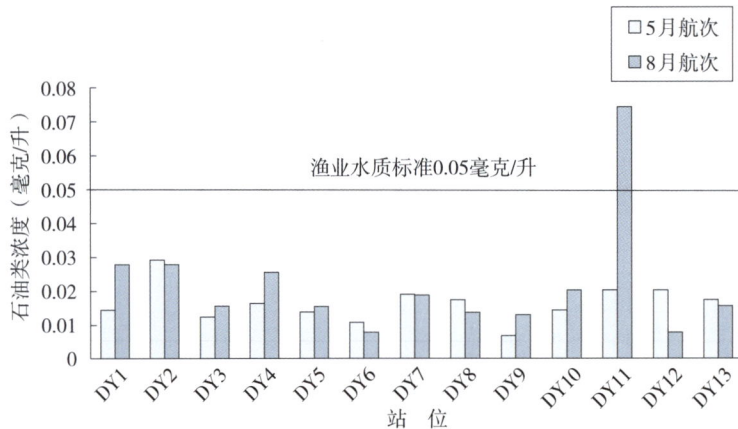

图 1-28　大亚湾海域海水石油类浓度

渔业水质标准10微克/升

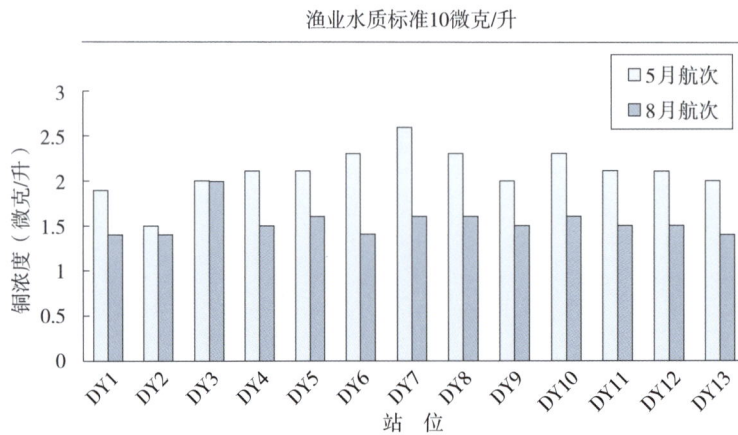

图 1-29　大亚湾海域海水铜浓度

铅浓度高于 8 月监测航次，其中，5 月监测航次的 DY9 站位铅浓度最高；但各站位均未超过渔业水质标准。

（6）水体镉、汞和砷　2017 年 5 月监测航次，调查海域镉浓度范围在 0.12～0.25 微克/升，平均为 0.195 微克/升；8 月监测航次，调查海域镉浓度范围在 0.11～0.26 微克/升，平均为 0.186 微克/升。5 月监测航次的镉浓度略高于 8 月监测航次；各站镉的浓度均未超过渔业水质标准。

2017 年 5 月监测航次和 8 月监测航次各站位均未检出汞。

2017 年 5 月监测航次，无机砷的浓度范围为 1.4～3.3 微克/升，平均浓度为 2.01 微克/升；8 月监测航次，无机砷的浓度范围为 1～2.1 微克/升，平均浓度为 1.45 微克/升。5 月监测航次的砷浓度高于 8 月监测航次；各站位检出的砷浓度远远低于渔业水质标准。

（7）沉积物石油类和铜　本次调查海域沉积物样品中，石油类浓度范围为 6.3×10^{-6}～955×10^{-6}，均值为 311.93×10^{-6}。其中，DY2 站位浓度最高，DY13 站位浓度最低。各站位沉积物石油类浓度差异较大，除 DY2 站位和 DY4 站位，其他各站位的石油类均未超过渔业沉积物质量一类标准（图 1-30）。

本次调查海域沉积物样品中，铜浓度范围为 2.72×10^{-6}～24.7×10^{-6}，均值为 13.43×10^{-6}。其中，DY7 站位沉积物中铜浓度最高，DY13 站位铜浓度最低；各站位铜浓度差异不大，均未超过渔业沉积物质量一类标准（图 1-31）。

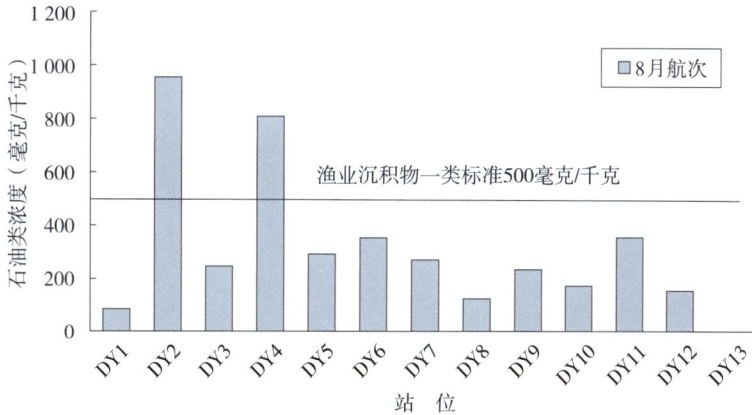

图 1-30 大亚湾海域沉积物中石油类浓度

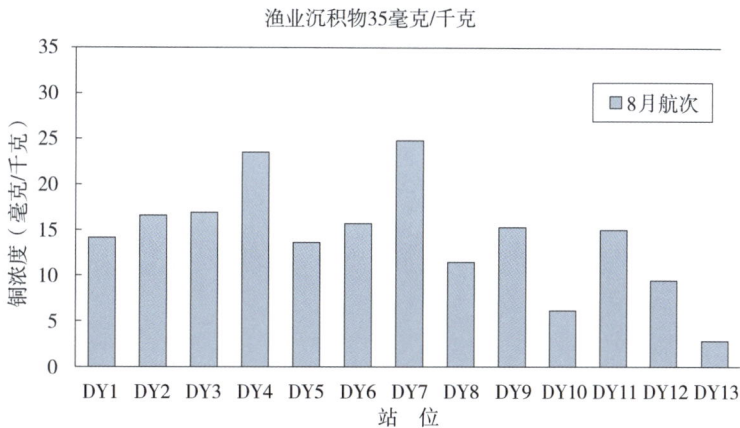

图 1-31 大亚湾海域沉积物中铜浓度

（8）沉积物锌、铅和镉 本次调查海域沉积物样品中，锌浓度范围为 $37.5 \times 10^{-6} \sim 95.8 \times 10^{-6}$，均值为 78.76×10^{-6}。各站位差异不明显，锌浓度均未超过渔业沉积物质量一类标准。

本次调查海域沉积物样品中，铅浓度范围为 $17 \times 10^{-6} \sim 44.5 \times 10^{-6}$，均值为 31.02×10^{-6}。其中，DY7 站位沉积物中铅浓度最高，DY13 站位铅浓度最低；其余各站差异不明显，均未超过渔业沉积物质量一类标准。

本次调查海域沉积物样品中，镉浓度范围为 $0.03 \times 10^{-6} \sim 0.15 \times 10^{-6}$，均值为 0.08×10^{-6}。其中，DY2 站位沉积物中镉浓度最高，DY13 站位镉浓度最低；但各站位镉浓度均未超过渔业沉积物质量一类标准。

（9）沉积物汞和砷 本次调查海域沉积物样品中，汞浓度范围为 $0.008 \times 10^{-6} \sim 0.123 \times 10^{-6}$，均值为 0.037×10^{-6}。DY7 站位汞的浓度最高，DY8 站位汞浓度最低；其余各站位差异不大，各站位汞浓度均未超过渔业沉积物质量一类标准（图 1-32）。

本次调查海域表层沉积物样品中，砷浓度范围为 $4.83 \times 10^{-6} \sim 8.1 \times 10^{-6}$，均值为 6.62×10^{-6}。各站位沉积物中砷浓度差异不明显，均未超过渔业沉积物质量一类标准（图 1-33）。

2. 淡水部分

2017 年 5 月和 8 月，中国水产科学研究院珠江水产研究所分别对流溪河光倒刺鲃国家级水产种质资源保护区、西江广东鲂国家级水产种质资源保护区和蕉岭石窟河斑鳢国家级水产种质资源保

渔业沉积物一类标准0.2毫克/千克

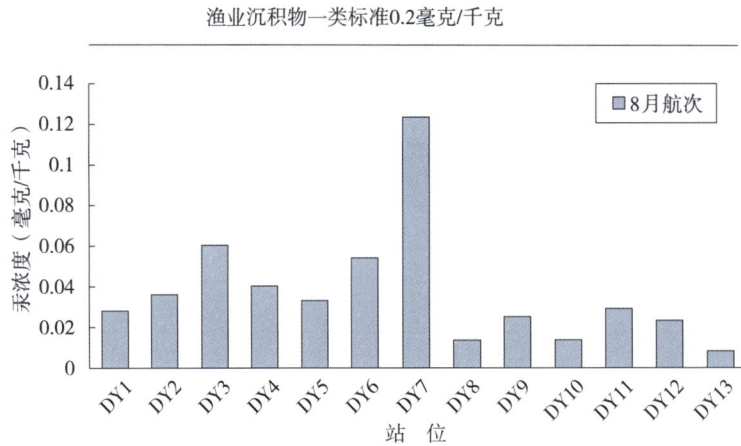

图 1-32 大亚湾海域沉积物中汞浓度

渔业沉积物一类标准20毫克/千克

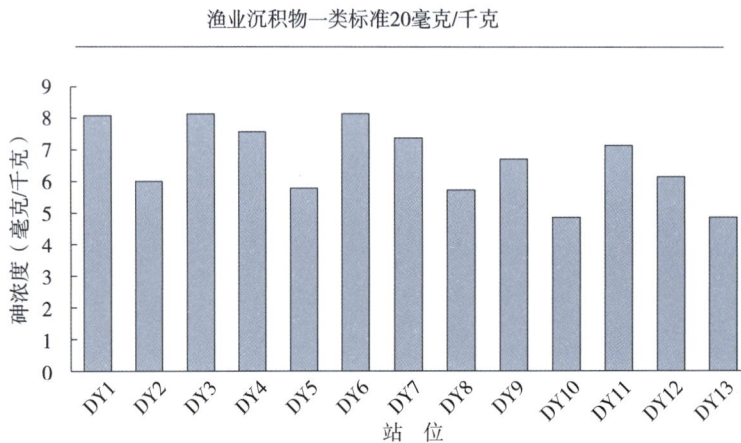

图 1-33 大亚湾海域沉积物中砷浓度

护区的水环境状况进行调查。

（1）流溪河光倒刺鲃国家级水产种质资源保护区 2017 年，流溪河光倒刺鲃国家级水产种质资源保护区水体水质污染综合指数均值约为 0.52，水质污染程度属于轻污染，与 2016 年的水质综合污染指数年度均值 0.468 相比，略有上升，但处于同级污染水平。

与 2016 年相比，2017 年流溪河光倒刺鲃国家级水产种质资源保护区叶绿素 a 浓度的有所降低，可能受采样时期降雨等因素影响，两次采样中浮游植物种类数差别较大。但 2017 年两次采样浮游植物种类数变化较 2016 年变化小，多样性指数均值略有升高，种群密度下降。从浮游植物多样性指数来看，水质属于轻度污染；从浮游动物多样性指数分析结果来看，水质处于轻度污染到洁净水质的临界状态，需要加强保护。

（2）西江广东鲂国家级水产种质资源保护区 2017 年，西江广东鲂国家级水产种质资源保护区水质污染综合指数均值为 1.01，水质污染程度属于重污染。其中，5 月和 8 月水质污染综合指数均值分别为 1.06 和 0.96，8 月污染程度略低于 5 月。总大肠菌群、总氮和总磷是该保护区的主要污染因子。与 2016 年的轻污染相比，本年度的水质重污染与评价指标增加大肠菌群有关。

与 2016 年相比，2017 年该保护区内浮游植物、浮游动物的种群丰度及多样性指数差异不大。

（3）**蕉岭石窟河斑鳠国家级水产种质资源保护区**　2017年，蕉岭石窟河斑鳠国家级水产种质资源保护区水质综合污染指数均值为0.89，属于中度污染。与2016年、2015年的水质综合污染指数均值0.96、1.45相比，下降较大。水体总氮、总磷、非离子氨和高锰酸盐指数，超标率分别为100%、100%、66.6%和16.67%，与2016年相比超标项目减少，溶解氧处于超饱和状态，水质2017年比2016年污染减轻。

2016—2017年，蕉岭石窟河斑鳠国家级水产种质资源保护区浮游植物种群密度减少，优势种为微囊藻；浮游动物优势种类为角突臂尾轮虫。

十四、国际合作

2013年，国家主席习近平提出共建"丝绸之路经济带"和"21世纪海上丝绸之路"的重大倡议，随后国家"一带一路"战略举措相继出台，构筑我国新一轮对外开放"一体两翼"新格局；2014年1月，国务院发布《中共中央国务院关于全面深化农村改革加快推进农业现代化的若干意见》；2015年3月，国务院授权国家发展改革委、外交部、商务部联合发布《推动共建丝绸之路经济带和21世纪海上丝绸之路的愿景与行动》，进一步勾勒出"一带一路"倡议的发展路线图。"一带一路"国家包括了44亿人口，占全球总人口的63%，是全球人口最密集的主要区域和未来人口的主要来源。同时，"一带一路"涵盖了世界大多数主要的渔业国家，因此在今后相当长的一段时间，渔业将对"一带一路"国家的食物安全和可持续经济发展起到重要的作用。而中国作为全球最大的渔业国家，渔业和水产养殖产量分别占全球33%和70%以上，为保障14亿人的粮食安全和蛋白质供应起到了至关重要的作用。广东省是我国的海洋大省，海洋渔业经济地位显著，2017年海洋生产总值达1.78万亿元，连续23年居全国首位，海洋渔业经济在其中发挥着基础性的作用。

广东省作为中国对外开放的前沿地带，凭借优越的地理位置和对外联系与贸易的历史优势，是中国对外交流活跃的地区，与"一带一路"沿线国家（地区）交流具有更加便利的条件。其中，海洋渔业经济有着一定的经济基础和对外贸易优势。为贯彻落实习近平总书记提出的共建"一带一路"重大倡议，以及落实广东省建设"一带一路"实施方案，通过扩大国际合作，实施渔业"走出去"战略，全省开展了多层次、多渠道沟通磋商，加强和周边国家与地区的交流合作，共同推动区域传统渔业向现代渔业转型升级。

（一）不断拓展远洋渔业合作空间

广东省积极推进发展远洋渔业，建造一批现代化远洋渔船，带动一大批国内渔船走出去，减轻国内渔业资源的捕捞压力。同时，鼓励全省远洋渔业企业进一步扩大合作范围，开展投资合作。2017年，全省对外投资规模较大的企业与项目有：深圳市联成远洋渔业有限公司在密克罗尼西亚波纳佩州设立了渔业基地，在科斯雷州新建了鱼货转运中心和渔船维修基地，为远洋渔船提供后勤保障。深圳华南渔业公司在库克群岛拉罗汤加建设远洋渔业中心基地，在萨摩亚建设阿皮亚远洋渔业基地和开展远洋渔业综合经营。珠海市东港兴远洋渔业有限公司计划投资35 000万元人民币，建造8艘远洋渔船，并在毛里塔尼亚建设西非远洋基地。广东粤海饲料集团股份有限公司在越南和印度，分别投资9 000万和1亿元建设饲料加工厂，预计2018年建成使用。广州顺帆远洋渔业有限公司新造了6艘远洋渔船，目前已获得农业部项目批文，拟赴文莱生产作业。粤水渔业有限公司计划投资19 254万元，在马来西亚投资建设远洋渔业基地，成立粤水马来西亚渔业有限公司，并获批马来西亚政府新建 5 艘拖网渔船批文，目前该公司有 11 艘远洋捕捞渔船在马来西亚海域生产作业。

在远洋渔业管理方面，涉外企业及相关部门开展了一系列富有成效的工作。一是加强了渔船建造、远洋渔业项目等申请事项管理和远洋渔船出入境备案报告、远洋渔业企业资格、项目年审等审批；二是强化远洋渔业的属地管理，各市、县渔业主管部门负责辖区内远洋渔业企业监管，加强对建造远洋渔船、实施远洋渔业项目的协调、指导，落实远洋渔业安全生产责任制；三是切实加强远洋渔船安全管理工作，完善各项检查监督和责任人制度，建立远洋渔船档案、制订企业安全生产管理制度和突发事件应急预案，并明确远洋渔业企业的安全生产主体责任，举办一期境外远洋渔业船员培训；四是积极落实国家扶持政策，实施远洋渔船更新改造中央投资补助项目，扶持建造 82 艘远洋渔船，已完工 70 艘，其中 47 艘已投入生产，提升了远洋渔业整体实力；五是建立完善了以广州、深圳等为主要集散地，加工、储运快捷便利，经营销售规范的远洋水产品销售网络，辐射全国 20 多个省、市，推动自捕鱼回运与销售；六是成立广东省远洋渔业协会，加强企业自律与合作交流，从而推动产业的稳定、和谐、有序发展。

（二）实施水产养殖"走出去"战略

根据广东省与东盟等周边国家自然条件相似，资源基础、渔业技术、经济发展水平与市场的互补性较强等特点，全省充分发挥在水产养殖技术、市场贸易等方面的比较优势，重点加强了与文莱、马来西亚、菲律宾等国政府及企业的渔业交流与合作，推进实施全省渔业"走出去"战略，重点加强与东盟地区相关国家在海上网箱和岸上设施养殖，以及良种繁育、养殖生产、饲料加工、渔药及疫病防治、产品质量检测等方面的投资和合作。

一是积极推进中国-东盟海上合作基金项目的实施。"中国-东盟现代海洋渔业技术合作及产业化开发示范项目"由广东省向外交部申报，并获得 2015 年度中国-东盟海上合作基金的支持，项目总金额 6 388 万元，分 3 年实施。本项目由中国水产科学研究院南海水产研究所牵头，并联合中国科学院南海海洋研究所、广东海洋大学、广东省海洋渔业试验中心、广东省渔业种质保护中心、江门市振业水产有限公司等单位共同实施。截至 12 月中旬，该项目主要工作进展情况如下：①召开"中国-东盟现代海洋渔业技术合作及产业化开发示范项目"指导委员会和中期推进会各 1 次。②广东省渔业种质保护中心出口 3 万尾罗非鱼苗到项目实施国家缅甸，为苗种供应环节中的顺利实施提供经验与保障。③完成了中方援建缅甸现代渔业科技示范基地各功能区域的选址、建设方案及其他程序的准备工作；完成配套仪器设备招投标工作；第一期深水网箱与鱼苗场建设正在进行施工前准备。④编写了中国-东盟现代海洋渔业技术合作及产业化培训班培训资料，已确定参加培训人员，正积极协调省外办发邀请函。⑤已收集了 25 种海水鱼类和 10 余种海洋经济动物活体标本并获得相关种质数据资料；构建了近江牡蛎三倍体诱发繁育与配套高效养殖技术，已在国内开展示范与推广；开展墨吉明对虾良种选育，进行苗种繁育与养殖技术培训；开展杂交石斑鱼选育，获得"虎龙杂交斑"石斑鱼新品种 1 个，在马来西亚开展杂交石斑鱼苗种培育技术培训与示范推广。目前，中国-东盟海上合作基金项目各项工作均在稳步进行中。

二是积极鼓励全省企业到东盟等国家和地区投资。通过实施中国－东盟海上合作基金项目，为中国企业开拓国外市场牵线搭桥，目前已带领中国 8 家企业成功进入东盟等国家渔业行业，占据缅甸水产饲料行业 80% 的市场。其中，广东恒兴集团在越南投资建设 2 家饲料生产、鱼虾苗养殖、饲料贸易基地，马来西亚基地项目也正在筹备中。该公司还与 NSPO（埃及国家服务项目组织）合作，在埃及建设渔业产业园项目。恒兴集团负责整体项目的规划、设计、设备供应及安装调试，人员培训、经营指导等，双方根据合作内容共签订 4 份合同，合同总金额为 8 600 多万。目前已在进行项目调试，准备正式投产。广东海大集团在马来西亚、越南、印度等国家投资建设饲料生产、鱼虾苗养殖、饲料贸易基地。全省企业在文莱投资并成立文莱美林养殖公司，与当地企业合作实施"中文合作网箱养殖基地"项目。养殖基地建设在文莱达鲁萨亚国摩拉区，拥有内海及外海共计 50.5 公顷海域的养殖规模。其中，外海养殖场 40.5 公顷，内海养殖场 10 公顷。目前，外海养殖场投放深海抗风浪圆形网箱 28 个，内海养殖场现投放深海抗风浪四方形网箱 320 个，放养水产有金鲳鱼、鞍带石斑、东星斑、海鲕、紫红笛鲷、老虎斑及龙虾，养殖基地建设情况良好，养殖产量增收，并在当地打造了清真食品品牌。2018 年，缅方计划再引进至少 2 家中国企业在缅甸建设对虾和鲈育苗场，输出中国优良的种质资源。

（三）促进海洋和渔业管理与科技交流合作

2017 年，先后接待了来自美国、加拿大以及太平洋岛国等国家和地区的政府官员、专家、企业代表访问团。在推进中国-东盟现代海洋渔业技术合作及产业化开发示范项目过程中，接待了来自缅甸、马来西亚、菲律宾等国家和地区的政府主管部门、研究机构、行业协会、养殖户代表访问团人员 200 多人次。与来访各国就加强渔业合作、海水养殖和水产品加工技术交流、海洋环境保护等方面深化了共同认识，促进了合作的开展。通过座谈交流，加深了与相关国家海洋渔业部门、科研机构的相互信任和了解，畅通了省内企业与上述国家和地区合作的渠道。

（四）促进海洋观测合作

中国科学院南海海洋所从 2012 年开始在斯里兰卡南部的 Matara 建设热带海洋环境联合观测中心，开展对赤道印度洋地区季风过程的强化观测。目前，已完成斯里兰卡南部边界层风廓线雷达观测系统的建设工作，投入观测运行。2017 年 3 月，完成亚洲季风大气边界层观测塔的建设任务，塔上装载的探头可以测量热通量、二氧化碳通量、风速、风向、温度、湿度、气压、长短波辐射及降雨等参数。后期还将在斯里兰卡多点布设观测仪器，达到对季风事件的多点连续立体观测。

（五）提升国际化水平

2017 年 11 月 3～5 日，2017 年第六届世界海洋大会在深圳举办，涉及海洋能源、经济、海洋环境保护等。11 月 16～17 日，"海洋与气象防灾减灾及可持续发展"国际海洋论坛召开，为全省海洋防灾减灾提供了新思路、新举措。来自国内外的海洋学、气象学及海洋气象防灾减灾等领域的院士、专家、学者近 150 人出席会议。12 月 14～17 日，中国海洋经济博览会召开，以"蓝色引领、创新发展"为主题，从海洋能源、海工装备、海洋科技、海洋环保、海洋旅游、海洋生物医药、涉海军民融合及海洋现代服务业等方面，全面展示了广东海洋事业发展的新理念、新措施和新成果。此次海博会参展国家达 63 个，其中，一带一路沿线国家 28 个，我国沿海城市逾 3 000 家企业参展，推动了国内外海洋产业的交流合作。

十五、人才教育与相关园区建设

（一）人才与教育情况

2017 年，广东省各级渔业相关部门不断深化渔业人才发展体制机制改革，加强渔业人才队伍建设，为渔业供给侧结构性改革提供了有力支撑。

为深入贯彻落实习近平新时代中国特色社会主义思想和党的十九大关于人才工作的新要求，落实中央《关于深化人才发展体制机制改革的意见》（中发〔2016〕9 号）和广东省委《关于我省深化人才发展体制机制改革的实施意见》（粤发〔2017〕1 号）精神，深入实施创新驱动发展战略，深化人才发展体制机制改革，建立具有全球竞争力的人才制度体系，加快建设人才高地，着力提升广东地区的创新力和竞争力。广东省海洋与渔业厅组织学习贯彻两个"意见"座谈会，进一步统一思想认识，研究具体落实措施，破除束缚人才发展的思想观念和体制机制障碍，解放和增强人才活力，形成具有国际竞争力的人才制度优势，为全面建设海洋强省积聚力量，推进广东省渔业人才发展体制机制改革各项任务落地见效。同时，加大人才工作宣传力度，营造爱才用才人才有作为的良好环境，想方设法、脚踏实地为全省渔业人才做好各项服务工作。

开展渔民生产技能培训，对参加职务船员培训、安全培训的学员给予相应的补贴。实施渔乡实用人才培养计划，开展新型职业渔民培育试点工作，搭建渔业市场信息平台，及时免费推送市场动态信息，增强渔民经营意识。推广水产品健康养殖和病害防治知识，培养懂技术、会经营的新型渔民。积极组织相关人员参加"平安护航"杯全国渔业船舶检验知识竞赛活动，从 6 月起组织全省验船人员参加"渔检通"APP 平台的各项活动，营造全省积极学习船检业务知识氛围，建立了"广东船检知识竞赛微信群"，负责解答、交流学习经验。选派的省渔业船舶检验局代表队荣获竞赛海洋组第三名和优秀组织单位两项嘉奖，全面提升渔业船舶验船师综合素质，加强渔业船舶验船师队伍建设，切实提升验船师担当尽责、科学公正、依法检验的能力，扩大渔业船舶检验系统影响力，促进渔船检验工作适应渔业绿色发展、安全发展、可持续发展和规范发展的新要求。为深入学习贯彻十九大精神，学习贯彻习近平总书记系列重要讲话精神和治国理政新理念、新思想、新战略，进一步落实省委、省政府关于"大力发展海洋经济，建设海洋经济强省"的工作部署，全面提升沿海市县党委政府领导干部推动海洋事业科学发展的能力，更好地服务全省海洋经济发展大局，省海洋与渔业厅承办全省海洋综合管理市厅级干部高级研修班和全省海洋与渔业系统领导干部培训班，采取"课堂讲授与实地考察相结合，专家讲课与互动交流相结合，学习培训与海洋经济交流相结合"的方式进行教学。通过学习，进一步坚定了建设海洋经济强省的信心，进一步掌握了当前海洋管理的最新要求，进一步明确了发展广东海洋经济的重点，达到了培训预期的目标。为了提升新型职业农民业务水平，推动新型职业农民扶持政策落实，将新型职业农民培育纳入职业培训体系。依托新型职业农民示范点等平台，加强新型职业农民和农村实用人才培训。组织完成2017年度海洋与渔业（海洋工程、渔业技术、渔业资源与环境保护、渔业船舶工程、制冷与加工、渔港工程等）高级工程师、工程师资格申报和评审工作。

（二）相关园区建设情况

为了完善协同创新机制，激发海洋科技创新活力，助力推动全省的海洋经济建设。2017年，广东省海洋与渔业厅联合中央驻粤有关单位、省内海洋龙头企业发起成立了全国首家省级海洋创新联盟——广东海洋创新联盟，着力研究解决长期制约海洋经济发展重大瓶颈的关键共性问题，坚持为海洋产业发展和海洋经济建设发挥科技引领支撑作用，坚持资源优化整合和协同机制的创新，通过构建数据共享大数据中心、建立人员互派机制、支持高新技术成果转化、发布相关发展趋势报告等措施，推动各成员单位间的深度合作、共建共享、共享共赢，支撑服务广东省海洋经济发展和海洋强国建设。同时，在联盟成立会上，还评选出了"2017年广东省海洋创新与发展十大科技进展"。创新联盟的成立，是贯彻落实习近平总书记对广东省工作的重要批示精神和省第十二次党代会精神，加强政产学研合作、推进海洋经济发展的重要举措，是省内涉海单位充分发挥资源优势，在广东省海洋经济发展主战场建功立业的重要平台。全面推进科技兴渔工作，在海洋科技创新和成果高效转化上也初见成效，广州、湛江被确定为建设国家海洋高科技产业基地，广州南沙被评为国家科技兴海产业示范基地。全省建成涉海涉渔科研机构24个，拥有省部级以上重点实验室超过29个（省现有渔业相关的国家重点实验室4个、省部级重点实验室25个），省级以上工程技术（研究）中心16家，省级渔业开发试验中心3个，区域水产试验中心7个等，进一步增强了全省渔业的科技支撑能力。

为贯彻落实省委省政府有关决策部署，大力推进现代渔港建设，提高渔业防灾减灾能力，保障渔民生命财产安全，推动渔业转型升级，促进渔区稳定繁荣，研究制定了《广东省现代渔港建设规划（2016—2025年）》和《广东省现代渔业发展十三五规划》。深化海洋科技创新和成果转化体制改革，重点依托现代渔业产业园区、专业镇、科技园、产学研合作示范基地、新型研发机构等载体，培育特色明显、优势突出的示范性现代渔业产业集聚区，培育出千亿级现代渔业产业集群。建设深海特色产业园区，推动海洋产业向特色海洋产业园聚集。推进广州、湛江国家海洋高科技产业基地、广州南沙新区科技兴海产业示范基地、珠海经济技术开发区海洋准备制造聚集区和深山特别合作区海洋产业聚集区等广东省现代海洋产业聚集区建设。广东海洋经济创新发展区域示范工作获得国家7.5亿元财政专项支持，带动超过40亿元社会资金投入海洋科技创新，海洋新型酶类、新型生物功能制品等一大批海洋高技术领域新产品、新技术、新工艺填补了国内空白。

积极组织相关集体经济组织、农民专业合作社和企业等具有独立法人资格的单位或家庭农场申报首批国家级稻渔综合种养示范区创建。其中，韶关市乳源县大桥镇中冲富民蔬菜专业合作社申报的国家级稻渔综合种养示范区，于2017年11月顺利通过农业部考核，成为广东省目前唯一的国家级稻渔综合种养示范区，示范区稻田养鱼面积达1 560亩，其中核心区达505亩。通过创建标准化生产、规模化开发、产业化经营、品牌化运作的国家级稻渔综合种养示范区，作为加快全省渔业转方式、调结构步伐的重要契机。在示范区内率先实现养殖业转型升级，绿色发展，并辐射带动周边发展，不断提升全省的稻渔综合种养水平。

渔业基础设施逐步完善，开展了全国水产健康养殖示范创建活动，精心组织、严格筛选具有一定基础的集体经济组织、企业、合作社和家庭渔场等有关单位申报农业部第12批示范场，加强对创建单位的指导，帮助其自主开展生产条件改造、装备升级、完善各项管理制度、技术示范和培训等创建工作。各地综合运用广播、电视、网络、手机短信、微信、报刊、标语等工具和手段，广泛宣传水产健康养殖示范创建活动，不断提高健康养殖知名度，充分发挥示范带动作用，营造良好的创建氛围。另外，在湛江、茂名、惠州、佛山（含顺德）、广州、阳江、江门、东莞、珠海、汕头、汕尾等地创建省级示范场30多个，并根据农办渔［2012］139号和农办渔［2012］154号文，对第三、四、七批示范场开展了复查。到2017年，建设了渔业标准化健康养殖基地86个，标准化鱼塘18万公顷；有效的无公害水产品产地425个、产品542个；农业部水产健康养殖示范场（区）194个，面积达3.8万亩；绿色健康渔业示范园区、田生态渔业示范园区、工厂化高效养殖示范园区和沿海现代渔业示范园区4种类型的高质高效渔业示范区10个；全国休闲渔业示范基地8个、省级休闲渔业示范基地13个。

率先启动美丽海湾建设，推动汕头青澳湾、惠州考洲洋、茂名水东湾3个省级美丽海湾试点加快建设。到2017年，广东省已建成海洋渔业保护区110个，包括5个国家海洋生态文明建设示范区、5个海洋与渔业国家级自然保护区、8个省级自然保护区、75个市县级自然保护区。国家级水产种质资源保护区16个，国家级海洋公园6个，保护区数量、面积居全国首位。建成生态公益型人工鱼礁区50座、面积2.9万公顷，海洋牧场示范区12个（其中，国家级海洋牧场示范区2个），涉及中华白海豚、江豚、海龟、鱼、虾等30多种国家和省重点保护水生野生动物及珊瑚礁、海草床、红树林、河口、湿地等类型近海海洋与渔业生态系统的保护，各保护区建设和水域生态环境资源保护以及水生生物资源养护等工作，取得了积极、显著的成效。

第二部分

2017年广东省渔业发展与国民经济

一、总体评价

　　广东省渔业在数十年改革开放以及社会经济发展进程中，完成了数量型增加向质量型提高的转型升级，该态势在2017年广东省渔业信息采集数据统计分析中也得到充分体现。2017年，全省水产品市场总供给在保证市场供给、满足人民对高质量动物蛋白需求的同时，养殖户也通过调结构、转方式，优化品种结构，运用生态健康生产模式及技术生产优质水产品，渔业发展保持了持续增长势头。2017年，广东省水产品总产量833.5万吨，比2016年增加1.9％，全国排第二位。其中，海水产品451.8万吨，淡水产品381.7万吨，全国排名第三和第二位；海水养殖302.9万吨，淡水养殖369.7万吨，全国排名第四和第二位；人均水产品量75.2千克，高出全国水平的61.7％。

二、渔业对广东省国民经济的贡献

（一）渔业对广东省农业和农民的贡献

2017年，全国农林牧渔业总产值109 331.7亿元，渔业总产值11 577.1亿元，分别比2016年增长4.7％和2.8％。同期，广东省农林牧渔业总产值5 969.9亿元，渔业总产值1 276.1亿元，分别比2016年增长4.6％和3.7％。广东省渔业总产值排全国第三位。

2017年，广东省渔民家庭总收入44 150.1万元。其中，家庭经营收入37 402.6元，人均工资性收入、财产性净收入和惠农补贴为4 159.9元、243.8元和2 038.2元。2017年，广东省渔民可支配收入为15 999.2元，比2016年提高了17.1％；高于同期农民可支配收入的1.4％。

（二）渔业对大众食品消费的贡献

2017年，全国水产品总产量6 445.3万吨，比2016年增加1.03％。其中，海水产品3 321.7万吨，淡水产品3 123.6万吨；海水养殖2 000.7万吨，淡水养殖2 905.3万吨；全国人均水产品量46.5千克。同期，广东省水产品总产量833.5万吨，比2016年增加1.9％，全国排第二位。其中，海水产品451.8万吨，淡水产品381.7万吨，全国排名第三和第二位；海水养殖302.9万吨，淡水养殖369.7万吨，全国排名第四和第二位；人均水产品量75.2千克，高出全国水平的61.7％。

在中国国家统计的渔业生产品种上，广东省有30个品种产量排名位居全国第一位，16个品种排名第二位，12个品种排名第三位。即有51.8％的养殖品种产量位居全国前三位，为中国乃至世界人民的食品消费贡献了自己的产量、技术和智慧。

2-1 广东省海水鱼类养殖生产情况

单位：吨

	海水养殖鱼类总产	鲈	鲷	石斑鱼	美国红鱼	军曹鱼	鲳	鲻	大黄鱼	河豚	鲆
全国	1 419 389	156 595	81 107	131 536	68 559	43 657	13 655	25 933	177 640	24 403	106 237
广东	540 350	82 102	36 443	54 873	32 407	32 147	54 873	22 272	12 516	4 846	2 813
排名	1	1	1	1	1	1	1	1	2	4	6

2-2 广东省淡水鱼类养殖生产情况

单位：吨

	淡水养殖鱼类总产	罗非鱼	乌鳢	鲈	鳜	黄鳝	泥鳅	鳗鲡	短盖巨脂鲤	鲟	河豚	长吻鮠	鲑	鲴
全国	25 409 763	1 584 680	483 141	456 888	335 583	358 295	394 691	217 263	82 119	83 058	6 283	21 331	3 089	227 454
广东	3 377 700	722 625	133 498	296 590	88 321	2 425	23 358	103 146	33 383	2 954	2 415	4 911	9	16 293
排名	2	1	1	1	1	6	6	1	1	11	2	2	14	4

	黄颡鱼	鲢	鲫	草鱼	鲤	鳊鲂	青鱼	鲑	池沼公鱼	银鱼	鳟
全国	480 032	3 852 813	2 817 989	5 345 641	3 004 345	833 393	684 502	3 089	12 067	20 699	41 460
广东	52 766	222 387	147 787	763 027	121 052	20 419	47 957	9	2	172	19
排名	4	6	6	2	12	8	6	14	14	14	23

2-3 广东省甲壳类养殖生产情况

单位：吨

	淡水甲壳类总产	南美白对虾	罗氏沼虾	青虾	河蟹	小龙虾
全国	2 918 540	591 496	137 360	240 739	750 945	1 129 708
广东	263 869	160 051	37 492	1 643	8 744	280
排名	4	1	2	5	7	11

	海水甲壳类总产	南美白对虾	斑节对虾	日本对虾	青蟹	梭子蟹
全国	1 631 185	1 080 791	75 227	52 466	151 976	119 777
广东	542 762	395 859	52 673	20 778	55 036	14 712
排名	1	1	1	1	1	4

2-4 广东省贝类养殖生产情况

单位：吨

	淡水贝类总产		其中	
	淡水贝类总产	螺	蚬	中
全国	214 828	98 894	21 746	3 975
广东	14 288	6	2 544	5
排名	6		4	

	海水贝类总产	江珧	螺	蚶	牡蛎	蛏	蛤	扇贝	哈贝	鲍
全国	14 371 304	16 503	254 736	352 619	4 879 422	862 541	4 177 913	2 007 529	927 609	148 539
广东	1 861 066	16 443	102 038	59 300	1 116 515	12 081	304 050	111 887	89 633	9 039
排名	4	1	1	2	2	6	5	4	4	3

2-5　广东省藻类养殖生产情况

单位：吨

	海水藻类总产	江蓠	麒麟菜	裙带菜	羊栖菜	海带	紫菜	淡水藻类总产	其中 螺旋藻
全国	2 227 838	308 674	5 629	166 795	19 997	1 486 645	173 305	7 174	7 174
广东	75 243	53 257	2 000	1 000	328	4 075	10 373	36	36
排名	4	2	2	3	3	5	5	8	8

2-6　广东省其他主要养殖品种

单位：千克

	海水珍珠	海胆	海参	海蜇	龟	鳖	蛙
全国	2 272	9 708 159	219 907	82 280	45 798	322 102	91 653
广东	1 990	1 765 159	497	283	4 634	16 283	3 105
排名	1	3	5	6	5	8	9

2-7　广东省海水鱼类捕捞生产情况

单位：吨

	海水捕捞鱼类总产	海鳗	竹筴鱼	鲴	方头鱼	梭鱼	金枪鱼	沙丁鱼	带鱼	鲱	石斑鱼	黄姑鱼	马面鲀	鲅
全国	7 652 163	340 504	37 510	75 167	45 842	134 800	58 258	119 275	1 102 329	10 887	117 204	62 771	157 443	355 564
广东	1 021 609	74 017	4 891	26 152	8 535	24 960	28 156	65 416	157 615	3 838	45 674	4 459	43 164	27 871
排名	4	3	3	1	3	1	1	1	4	4	1	5	5	5

	蓝圆鲹	梅童鱼	金线鱼	小黄鱼	大黄鱼	鲷	鳗	鲷	鳂	玉筋鱼	白姑鱼
全国	535 188	269 839	374 572	290 732	290 732	153 446	329 547	102 102	703 655	100 690	94 412
广东	104 154	3 168	86 713	25 447	25 447	45 180	68 307	19 085	32 071	1 945	21 424
排名	2	5	2	5	5	2	2	2	6	6	2

2-8　广东省海水甲壳类捕捞生产情况

单位：吨

海水捕捞甲壳类总产		其　　中						
		对虾	鹰爪虾	毛虾	虾蛄	青蟹	梭子蟹	蟳
全国	2 075 964	180 696	283 310	440 600	219 087	79 491	497 763	34 750
广东	234 570	63 700	13 560	41 328	25 436	31 674	43 469	3 270
排名	3	1	4	4	6	1	3	4

2-9　广东省海水其他种类捕捞生产情况

单位：吨

	贝类	藻类	海蜇	乌贼	章鱼	鱿鱼
全国	442 890	19 976	168 538	136 772	110 835	320 199
广东	54 257	6 423	16 257	18 047	14 152	33 263
排名	2	2	3	3	4	5

2-10　广东省淡水捕捞生产情况

单位：吨

	淡水捕捞总产	鱼类	虾	蟹	贝类
全国	2 182 973	1 615 758	244 671	44 655	251 847
广东	120 370	75 774	8 276	2 841	32 562
排名	5	8	6	5	4

（三）渔业对群众休闲娱乐的贡献

2017 年，广东省从事休闲渔业的企业有 114 个，休闲渔业占地面积约 52 934.6 亩，从事休闲渔业人数约 5 314 人，吸纳农村劳动力人数约 4 988 人，吸纳转产渔民人数约 1 316 人，接待人次约 756 万人次，总产值超 250 亿元。

广东省休闲渔业主要产品及服务：休闲垂钓与海钓、钓鱼比赛，观赏性养殖及经营、水族器材制造以及饲料、药物的加工生产，科普展示、技术推广、文化普及，渔家乐及餐饮住宿、旅游观光等。

（1）休闲渔船及渔具业　据统计，2017 年全省拥有休闲渔船 217 艘。其中，玻璃钢渔船 53 艘、木质渔船 164 艘，绝大多数是由传统捕捞生产渔船更新改造而来的。作为休闲垂钓和海钓的配套和支撑，广东省是全国钓具集散地之一，具有极高的知名度和影响力。目前，广东省有两家规模较大的钓具市场，即位于广州芳村的"金花地钓具城"和"广州天河钓具城"。其中，"金花地钓具城"营业面积 15 000 平方米，年销售额为 20 亿元。同时，广东省还有 20 家专业钓饵生产厂家，年产值 10 亿元。这一切集中表现在由省海洋渔业休闲与垂钓协会和广州市金花地渔具物业管理有限公司联合主办的广州金花地渔具博览会。该博览会已经成功举办 16 年，每年分春秋两季共 34 届，成为和天津碧海、苏州上花三足鼎立的具有全国乃至国际影响力的渔具展览会。2017 年，该展会被农业部授予"国家级示范性渔业文化节庆"称号。

（2）观赏鱼及水族业　经过数十年发展，广东省已成为全国乃至世界最大的观赏鱼养殖基地，而且由观赏鱼拉动的水族产业也蓬勃发展。2017年，培育观赏鱼产量2.25亿尾，产值已近200亿元。其中，全省有规模的观赏鱼养殖场500多家，面积1万亩，观赏鱼养殖年产值1.6亿元，其中珠三角为中心区。每年发往全国各地的热带观赏鱼数量达到8 000万尾以上，许多名贵品种还出口到新加坡、日本等国家和中国港澳地区。广东省观赏鱼养殖业的发展，带动了相关水族器材行业的迅猛发展。近年来，一些原来从事第二、第三产业企业家争相投资其中。广东省水族器材厂家已超1 000家，水族箱（缸）、鱼粮、渔药等产品迅速进入市场，就业人员已达近20万人，已成为全国乃至世界最大的观赏鱼养殖和水族器材产销基地。其中，广州市荔湾区花地大道是全国花鸟鱼虫、渔具水族品销售网点最集中、数量最多、成交最活跃的中国花鸟鱼虫、家居生活、休闲用品名街，有近10万平方米规模临街专业商铺和市场。

（3）龟鳖业　广东省龟鳖养殖的发展走出一条具有中国特色的野生动物保护路子，如原产于广东、海南以及广西等地的三线闭壳龟，河南、湖北和安徽的黄缘闭壳龟等一批高档名龟，通过人工驯化繁养殖实现了种群资源的恢复和增加、生态环境再造。更通过引进外来龟类品种，像安南龟、斑点池龟、苏卡达陆龟等一大批世界珍稀濒危龟类在广东省成功扎根，实现了本土化。其中，惠州、东莞、中山、顺德和茂名是广东省观赏龟行业主要分布地区。很多观赏龟养殖场建成庭院或养殖基地，集养殖、休闲和销售于一体。最为突出的是东莞市，东莞市大力扶持龟鳖类特色养殖产业，养殖面积约1万亩，主要集中在谢岗、虎门、沙田、麻涌等镇。年商品龟产量达700多吨，乌龟苗800多万只；商品鳖1 500多吨，鳖苗1 000多万只。家庭作坊式的特种龟养殖在东莞市发展迅猛，目前从事驯养、繁殖三线闭壳龟、黄喉拟水龟等国家二类保护动物的养殖户和经营户约有3 000家。首次举办了2015年中国（东莞）第一届龟鳖博览会，获得了良好的评价。

（4）休闲渔业带　休闲渔业具有富集和聚集的特点。在垂钓和观赏性养殖基础上，广东休闲渔业从业者将渔民、渔业和渔村聚焦到一点，以创建休闲渔业示范基地为抓手，积极推进导向性旅游休闲渔业的发展，通过多年的培育和发展，基本形成了3个特色明显的休闲渔业产业带。一是广州、中山、深圳、珠海、江门等大中城市，建设起了一个以休闲、渔具演示、垂钓、品鲜、观赏白海豚为主要内涵的都市型休闲渔业带；二是惠州、汕头、阳江、东莞等地区，结合海岛旅游景点开发，构造起了一个以渔港风光、渔村风情、渔区品鲜、海上运动、海珍品展示为主要内容的旅游休闲渔业带；三是在湛江、河源、清远、肇庆等地区，建设起了一个以绿色静美的山水风光与朴实的渔人生活相交融的生态休闲渔业带。

三、渔业与渔村相互关系

根据渔业统计指标定义，在农村中从事渔业生产与经营的人员占全部从业人员 50% 以上或渔业产值占农业产值比重 50% 以上的村即为渔业村。达不到上述标准的，但一直是以经营渔业为主并经上级主管部门批准定为渔业村的也可统计为渔业村。《2018 中国渔业统计年鉴》数据显示，2017 年广东省拥有渔业村 632 个，从业人员 50 万人，其中，专业从业人员 37 万人。

（一）渔业产业结构的划分

从系统论的观点看，渔业是由相互制约、相互联系的渔业生态系统、渔业技术系统和渔业经济系统三个部分所组成。渔业生产结构一般是由渔业内部的水产养殖业、水产捕捞业和水产加工业组成。

渔村产业结构大体上可分为以下三个层次：

第一个层次是渔业，包括水产养殖业和水产捕捞业。这是渔村产业的主要层次，因为它的经济比重和渔业劳动力均占渔村半数以上，在整个渔村经济中占着举足轻重的地位。

第二层次是水产加工业。它是从属于渔业生产的后续生产层次，随着渔业生产的发展，水产品加工对提高水产品质量和增加水产品产值具有十分重要的意义。

第三层次是为渔业生产和生活服务的行业。包括渔船渔具的维修，渔需物资和生活资料的供应，以及其他工业还有商业、交通运输和农、林、牧、副业等。

由此可见，渔业生产结构和渔村产业结构是两个范围大小不同的经济范畴。渔业生产结构是农业内部的一个部门的结构，而渔村产业结构是渔村中各产业部门所组成的结构。在社会生产力水平较低条件下，渔村中缺少社会分工，商品经济不发达，生产内容单纯，渔村中渔业是主要甚至唯一的产业，其他工商业等所占比重很小，因而渔业几乎就代表了渔村。但是经过多年的经济体制改革，渔村产业结构发生了很大变化，虽然渔业仍然是渔村产业结构的主体，但工业、商业、交通运输业、服务业以及旅游业等都逐渐形成一个个独立的经济部门，从而打破旧日渔村传统的渔业观念，当前的渔村已是百业俱兴各种产业综合发展的新型渔村。

（二）渔民在渔业渔村转型的中心主体地位

围绕"海洋三渔"问题，国家战略的制定以渔业资源的可持续发展为前提，以渔民为主体，以渔村为落脚点。资源枯竭、生态破坏、结构失衡等现实情况的制约，直接引起渔民的收入滞后、生产高风险、家庭关系脆弱等现实危机，更使渔业转型亟待解决。

为应对种种现实问题的制约，渔业发展逐渐多元化，基于海水养殖业、水产品深加工业及休闲渔业，逐步形成新型渔业基地和旅游基地。此时渔民何去何从，其选择将直接关乎渔村的进退。如渔民及时转变观念，更新知识体系、生产技术和作业方式，渔村就由传统型迈向现代型；若渔民无法接受这种时代变革，选择被动退出，从事非渔活动，其规模化退出将造成人口空间转移，造成渔村的衰退及消亡。

（三）绿色发展对渔村产业融合的推动作用

产业融合发展是渔村转型升级的重要抓手和有效途径，如何整合各种资源要素，构建渔村产业融合发展体系，对实施乡村振兴战略，加快渔村渔业现代化具有十分重要的意义。渔村转型升级，重在渔业绿色发展。为此，通过水产养殖容量评估，科学确定各养殖水域的养殖规模和密度，进行养殖生产布局优化；通过稻渔综合种养等生态健康养殖模式创新、池塘标准化改造、深远海大型养殖装备研发等举措，积极拓展养殖空间。

以海洋牧场建设为例，借助"新技术、新装备、新业态、新模式"，促进产业智慧化、跨界融合化、品牌高端化，实现渔业从浅海向深海、从近岸向离岸、从单一向多元、从传统向现代的战略性转变。通过拓展海洋牧场发展功能，推进产业融合发展，将渔村建设成为集生产、观光、垂钓、餐饮、文化、科普等于一体的现代化渔业综合体。

（四）渔村文化开发对休闲渔业发展的重要意义

休闲渔业是指利用渔村实体景观（渔业场地、设备、产品及自然环境）和渔村社会文化景观（生产活动、民俗及传说等），以发挥渔业与渔村旅游功能，促进渔业、渔民和渔村的可持续发展的新兴业态。休闲渔业分为游览观光、渔家风情体验、饮食购物、文化节庆等，它是海洋渔业转型路径中产业高度化阶段，符合产业周期的进程。

"十三五"规划把保障和改善民生放在突出位置，保护和开发渔村文化，将渔村体验与国民海洋意识教育结合，在渔村基础建设中做到跨行政区统筹和海陆空统筹，加大对渔民群体的关怀，让他们有更多获得感，是未来我国海洋渔村发展的重点。

在2017年休闲渔业品牌创建主体认定中，阳江市大澳渔村成为广东省唯一入选的"最美渔村"，其品牌定位是"渔家风情，浪漫小镇"。它是中国古代"海上丝绸之路"的必经港口，也是广东省内较为完整地保存明原始渔家小屋风貌的渔村。通过传统渔村文化的保护修缮，对渔村全面升级改造，使一家一户特色经营成为现实，渔民共享美好生活，渔村经济走进新时代。

2018年2月7日，广东省海洋与渔业工作暨党风廉政建设工作会议提出，广东省将大力发展渔港经济区，挖掘渔港渔业文化，打造人文渔港、景观渔港、主题渔港，建设美丽渔村、特色渔乡小镇和渔业城镇，实现港、产、城一体化。到2020年，广东省海岸带地区将共建成60个海洋特色小镇和广州南沙横沥镇冯马三村、江门台山斗山镇浮石村等150个美丽渔村。

四、渔业对渔村经济的贡献

2017年，按照省委省政府的决策部署，坚持稳中求进工作总基调，坚持以提升经济发展质量和效益为中心，积极推进海洋与渔业各项工作，取得了一定成效。渔业经济总产值保持着稳中有进的良好态势，广东省渔村经济对广东渔业的贡献明显。

（一）国民经济

2017年，全国在以习近平同志为核心的党中央坚强领导下，不断增强政治意识、大局意识、核心意识、看齐意识，深入贯彻落实党的十八大和十八届三中、四中、五中、六中、七中全会精神，认真学习贯彻党的十九大精神，以习近平新时代中国特色社会主义思想为指导，按照中央经济工作会议和《政府工作报告》部署，坚持稳中求进工作总基调，坚定不移贯彻新发展理念，坚持以提高发展质量和效益为中心，统筹推进"五位一体"总体布局和协调推进"四个全面"战略布局，以供给侧结构性改革为主线，统筹推进稳增长、促改革、调结构、惠民生、防风险各项工作，经济运行稳中有进、稳中向好、好于预期，经济社会保持平稳健康发展。初步核算，全年国内生产总值827 122亿元，比上年增长6.9%。其中，第一产业增加值65 468亿元，增长3.9%；第二产业增加值334 623亿元，增长6.1%；第三产业增加值427 032亿元，增长8.0%。第一产业增加值占国内生产总值的比重为7.9%，第二产业增加值比重为40.5%，第三产业增加值比重为51.6%。全年最终消费支出对国内生产总值增长的贡献率为58.8%，资本形成总额贡献率为32.1%，货物和服务净出口贡献率为9.1%。全年人均国内生产总值59 660元，比上年增长6.3%。全年国民总收入825 016亿元，比上年增长7.0%。全国农林牧渔业生产总值68 009亿元，增长4.1%。全国农林牧渔业总产值109 332亿元，比上年增长4.0%。其中，渔业总产值11 577亿元，比2016年增长2.8%，占全国农林牧渔业总产值比重的10.6%。

（二）广东省国民经济对全国国民经济的贡献

2017年，广东省国内生产总值89 705亿元，比上年增长7.5%，占全国国民经济比重的10.8%。其中，第一产业增加值3 611亿元，增长3.6%；第二产业增加值38 008亿元，增长6.5%；第三产业增加值48 086亿元，增长8.7%。第一产业增加值占广东省生产总值的比重为4%，第二产业增加值比重为42.4%，第三产业增加值比重为53.6%。广东省农林牧渔业生产总值3 713亿元，占广东省国民经济比重的6.7%，占全国农林牧渔业生产总值比重的5.5%。广东省农林牧渔业总产值5 970亿元，比上年增长3.6%。其中，渔业总产值1 276亿元，比上年增长

3.7％，占广东省农林牧渔业总产值比重的 21.4％，占全国渔业总产值比重的 11％。

（三）广东省渔业经济对全国渔业经济的贡献

按当年价格计算，2017 年全国渔业经济总产值 24 761 亿元。其中，渔业产值 12 314 亿元、渔业工业和建筑业产 5 667 亿元、渔业流通和服务业产值 6 781 亿元。渔业产值中海洋捕捞产值 1 988 亿元，海水养殖产值 3 307 亿元，淡水捕捞产值 462 亿元，淡水养殖产值 5 876 亿元，水产苗种产值 680 亿元。2017 年，广东省渔业经济总产值 3 146 亿元，占全国渔业经济总产值比重的 12.7％。其中，渔业产值 1307 亿，包含海水养殖 531 亿元、淡水养殖 571 亿元、海洋捕捞 159 亿元、淡水捕捞 15 亿元、水产苗种 31 亿元，渔业产值占广东省农业产值的 21.4％；渔业工业和建筑业 397 亿元，包含水产品加工 233 亿元、渔用机具制造 7 亿元、渔用饲料 145 亿元、渔用药物 1 亿元、建筑 9 亿元、其他 2 亿元；渔业流通和服务业 1 443 亿元，包含水产流通 1 381 亿元、水产运输 18 亿元、休闲渔业 35 亿元、其他 9 亿元。

（四）广东省渔村经济对广东省渔业的贡献

2017 年，全国共有渔村 8 277 个，渔业人口 19 318 522 人，渔业从业人员 13 593 913 人。广东渔村 1 045 个，同比上年增长 3.06％，占全国渔村比重的 12.6％；渔业人口 2 277 404 人，占全国渔业人口比重的 11.8％，渔业从业人员 1 242 203 人，涉及海洋渔业的渔业人口 1 062 374 人，渔业从业人员 507 990 人；渔村有 632 个，占全国涉海渔村比重的 17.2％，占广东省渔村比重的 60.5％。广州市有渔村 16 个，渔业经济总产值 118.9 亿元，水产品总产值 79 亿元，水产品总产量 44.8 万吨；深圳无数据；珠海市有渔村 26 个，渔业经济总产值 89.4 亿元，水产品总产量 31.92 万吨；佛山市有渔村 41 个，渔业经济总产值 258.1 亿元，水产品总产值 118.5 亿元，水产品总产量 65.6 万吨；东莞市有渔村 3 个，渔业经济总产值 21.6 亿元，水产品总产值 6.5 亿元，水产品总产量 5.1 万吨；中山市有渔村 73 个，渔业经济总产值 62.5 亿元，水产品总产量 32.3 万吨；江门市有渔村 54 个，渔业经济总产值 182.7 亿元，水产品总产值 130.7 亿元，水产品总产量 75.4 万吨；茂名市有渔村 59 个，渔业经济总产值 144.7 亿元，水产品总产值 77.8 亿元，水产品总产量 89.5 万吨；惠州市有渔村 30 个，渔业经济总产值 31 亿元，水产品总产值 25.6 亿元，水产品总产量 16.5 万吨；汕头市有渔村 34 个，渔业经济总产值 113.7 亿元，水产品总产值 56.7 亿元，水产品总产量 45.9 万吨；湛江市有渔村 231 个，渔业经济总产值 444 亿元，水产品总产值 60.4 亿元，水产品总产量 122.2 万吨；揭阳市有渔村 35 个，渔业经济总产值 31.6 亿元，水产品总产值 23.6 亿元，水产品总产量 14.5 万吨；肇庆市有渔村 12 个，渔业经济总产值 55.5 亿元，水产品总产量 46.5 万吨；清远市有渔村 17 个，水产品总产量 13.6 万吨；韶关市有渔村 1 个，渔业经济总产值 9.6 亿元，水产品总产值 9.3 亿元，水产品总产量 7.9 万吨；梅州市有渔村 40 个，渔业经济总产值 18.6 亿元，水产品总产值 11.3 亿元；汕尾市有渔村 183 个，渔业经济总产值 94.4 亿元，水产品总产量 55.8 万吨；潮州市有渔村 28 个，渔业经济总产值 27.3 亿元，水产品总产量 20.3 万吨；阳江市有渔村 93 个，渔业经济总产值 213.4 亿元，水产品总产值 167.1 亿元，水产品总产量 118.8 万吨；河源市有渔村 19 个，渔业经济总产值 4.4 亿元，水产品总产值 4.3 亿元，水产品总产量 4.2 万吨；

云浮市有渔村 5 个，渔业经济总产值 24.6 亿元，水产品总产值 13.2 亿元，水产品总产量 11.1 万吨。

以广州市为例，广州市涉及 16 个渔村的渔业人口为 31 103 人，占广州市渔业人口比重的 62%；渔业经济总产值 95.1 亿元，占广州市渔业经济总产值比重的 80%；水产品总产值 70.3 亿元，占广州市水产品总产值比重的 89%。佛山市涉及 41 个渔村的渔业人口为 86 545 人，占佛山市渔业人口比重的 50.9%；渔业经济总产值 181.9 亿元，占佛山市渔业经济总产值比重的 70.5%；水产品总产值 60.2 亿元，占佛山市水产品总产值比重的 50.8%。茂名市涉及 59 个渔村的渔业人口为 105 252 人，占茂名市渔业人口比重的 54.5%；渔业经济总产值 97 亿元，占茂名市渔业经济总产值比重的 67%；水产品总产值 54.8 亿元，占茂名市水产品总产值比重的 70.4%。惠州市涉及 30 个渔村的渔业人口为 40 287 人，占惠州市渔业人口比重的 63.5%；渔业经济总产值 24.5 亿元，占惠州市渔业经济总产值比重的 78.1%；水产品总产值 20.2 亿元，占惠州市水产品总产值比重的 78.9%。汕头市涉及 34 个渔村的渔业人口为 115 551 人，占汕头市渔业人口比重的 81.2%；渔业经济总产值 96.1 亿元，占汕头市渔业经济总产值比重的 84.5%；水产品总产值 70.3 亿元，占汕头市水产品总产值比重的 89%。揭阳市涉及 35 个渔村的渔业人口为 156 604 人，占揭阳市渔业人口比重的 72.8%；渔业经济总产值 24.79 亿元，占揭阳市渔业经济总产值比重的 78.5%；水产品总产值 17 亿元，占揭阳市水产品总产值的 72.2%。

五、广东省渔业经济发展亮点

（一）特色优势品种养殖更加稳固

对虾、罗非鱼、鲈、鳜等特色优势品种占全省养殖面积的 50%。茂名市罗非鱼养殖面积近 30 万亩，年产量 20 万吨，成为全国最大的罗非鱼出口养殖优势区域；湛江市对虾年产量 15 万吨，产值近 30 亿元，年产优质对虾 1 300 亿尾，占全国的 20%；江门市拥有锦鲤养殖企业超百家，年产锦鲤 1 500 万尾，年交易额近 3 亿元；珠海海鲈、南沙青蟹、台山鳗鱼、中山脆肉鲩、肇庆罗氏虾……广东省大宗产品的养殖面积逐年扩大，正在实现提质增效的目标。

（二）绿色生态养殖发展迅猛

清远、韶关、河源利用优质的水源（山泉、水库）进行瘦身养殖，大幅度提高成品鱼的品质，市场价格提高近 50%；连南县的稻田养鱼已小有规模，目前水产品的市场价为同品种塘鱼价格的 4~5 倍，并连续 3 年成功举办"稻田鱼节"，吸引四面八方的宾客。据统计，全省稻田养鱼面积已近 4 万亩。另外，茂名市大力扶持氹仔鱼山泉流水养殖，获得了国家农产品地理标志登记证书。梅州市正在发展水库养鱼，从目前的情况看，效益十分可观。

（三）新模式、新业态不断涌现

高效设施养殖，已成为广东省现代渔业发展的主要方向。养殖设施持续改善，广东省已建成深水网箱 2 240 个、工厂化养殖面积 100 多万立方水体、标准化池塘 7 万公顷，水产养殖平均单产从 2010 年的每公顷 10 吨上升到 2016 年每公顷 12 吨，水产养殖集约化水平大幅提升。新模式、新业态层出不穷，冷链运输、产销对接、集装箱养殖等已成为广东省渔业发展的亮点。湛江对虾工厂化养殖，实现了全过程无人化控制；集装箱循环水高效养殖、微电解水质调节等健康、高效养殖技术正在快速推广。

（四）休闲渔业蓬勃发展

全省已建成国家级休闲渔业示范基地 19 个、省级休闲渔业示范基地 31 个，获农业部认定"国家级示范性节庆（会展）"3 个、"最美渔村"1 个。同时，带动饲料、鱼药及器材设施等 10 大类、

100多个相关产业发展，拉动水族产业年产值200多亿元。观赏龟更是当中的佼佼者，其产业预计年产值超过80亿元。珠海万山海岛生态渔业休闲旅游快速发展，探索出一条渔业资源保护修复与海岛休闲旅游发展有效结合的新路子。

（五）龙头企业带动力不断增强

湛江国联、恒兴，珠海强竞、世海，广州海大、澳洋、新农人，汕头侨丰，汕尾国泰，中山水出，阳江粤富，潮州新华海等龙头企业，均是各市养殖优势主导品种和养殖区域的主要带动力，是渔业持续发展的重要保障，也是广东省渔业创新发展和转型升级的重要主体。

（六）渔业品牌建设成效初显

广东省海洋与渔业厅组织开展了"一月一品牌"活动，先后召开珠海白蕉海鲈等品牌推广会11次。通过广州渔业博览会、青岛渔业博览会、昆明农交会、湛江海博会、中国（江门）锦鲤博览会等，推广广东省水产品牌。培育形成了何氏锦湖鲈鱼、绿卡中华鳖、中山脆肉鲩、台山鳗鱼等一批国内外知名水产品牌。

第三部分

2017年广东省渔业
和渔村政策

一、惠渔政策

广东省是渔业大省，渔业历史悠久。渔业一直以来在全省经济社会发展中具有不可替代的重要作用。党的十八大以来，国家和省对现代渔业做出了一系列新部署，提出了新的要求。

我省一直对渔业工作高度重视，为保障渔业生产顺利开展，促进渔民增收致富，近几年先后出台了《关于印发〈广东省国内渔业捕捞和养殖业油价补贴政策调整总体实施方案〉的通知》（粤海渔〔2016〕88号）、《关于印发〈广东省休（禁）渔渔民生产生活补助发放实施方案〉的通知》（粤海渔〔2018〕25号）、《广东省政策性渔业保险实施方案》和《广东省政策性水产养殖保险实施方案（试行）》的通知（粤农农〔2019〕49号）等惠渔惠民政策。省级扶持措施不断完善，省委、省政府每年均对渔业发展做出具体部署。广东省财政每年也安排海洋渔业科技、水产品质量、水产良种体系建设、鱼病防治、渔港抢险维护、渔业机械化、深水网箱发展等专项资金近2亿元，有力保障了渔业持续、快速、健康发展。

同时，国家对广东省渔业财政支持力度也不断加大。2010—2016年，在农业部的大力支持下，中央财政支持广东省渔业发展资金总计达182亿元。其中，安排成品油价格补助资金168亿元，下达渔业资源保护补助资金14亿元，安排渔港建设资金1.73亿元，支持渔业执法船艇和码头基地建设资金1.9亿元，建成渔业执法船15艘、执法快艇12艘以及一批执法码头，为全省渔业快速发展注入了强大动力。

广东省渔业工作主动融入全省经济社会和大农业发展大局，有力推动了渔民增收、渔业增效、渔区发展。2017年，全省渔业经济总产值3 270亿元；水产品总产值1 356亿元，同比增长13%；水产品总产量895万吨，同比增长2.4%；渔民人均纯收入16 900元，同比增长17%。其中，海水养殖产量329万吨，增长4.8%；淡水养殖产量414万吨，增长4.7%。渔业已成为农业产业结构调整的重要方向，成为大农业中的支柱产业。

（一）落实渔业油价补贴政策

1. 政策背景

渔业油价补贴政策，是国家为适应国际油价上涨、维护渔民权益而对渔业等部分困难群体和公益性行业给予的补助政策。渔业油价补助是党中央、国务院出台的一项重要的支渔惠渔政策，也是目前国家对渔业最大的一项扶持政策。自2006年开始实施以来，国家累计下达广东省渔业油补资金超过300亿元，惠及广东渔船5万余艘、渔民20余万人。较好地弥补了渔业生产成本，增加了渔民补贴收入，保障了成品油价格机制改革的顺利推进。但是渔业情况复杂，渔船等补贴对象作业量、用油量信息采集较难，加之监管手段滞后，导致渔业油价补贴政策在执行中走样变形，即扭曲了价格信号，造成了渔业对油价补贴的严重依赖，又加重了财政负担，与渔民减船转产政策发生冲突。为激发渔业健康发展的内生动力，促进渔业资源环境保护，财政部、农业部联合印发了《关于调整国内渔业捕捞和养殖业油价补贴政策促进渔业持续健康发展的通知》（财建〔2015〕499 号）。根据文件精神，省财政厅、省海洋与渔业局联合印发了《广东省国内渔业捕捞和养殖业油价补贴政策调整总体实施方案》（粤海渔〔2016〕88 号），《方案》以附件形式印发了《广东省国内捕捞和养殖机动渔船油价补贴工作实施方案（试行）》《广东省渔民减船转产项目实施方案（试行）》《广东省渔船更新改造项目实施方案（试行）》3 个子方案，随总体实施方案一并下发实施。方案明确落实油价补贴政策调整主体责任，省级实行"省长负责制"，通盘考虑解决渔业发展、安全生产、渔区稳定等问题。地方各级人民政府实行"市、县（区）长负责制"，对辖区内油价补贴政策调整有关工作负总责，对下达的任务和切块资金制定具体实施方案，确保各项任务按时完成。

为规范广东省渔业油补政策调整资金管理，提高资金使用效益，2016 年 9 月，省渔业局与省财政厅联合印发了《广东省海洋与渔业局 广东省财政厅关于印发〈广东省国内渔业捕捞和养殖业油价补贴政策资金（省级统筹部分）管理实施细则〉的通知》（粤海渔〔2016〕137 号），对 2015—2019 年中央财政安排广东省的国内渔业油补资金（省级统筹部分）的申报、审核、管理拨付等进行了明确要求。

2. 主要内容

本次油补政策调整后，每年补贴资金的 20% 部分以专项转移支付形式，由中央统筹用于渔民减船转产和渔船更新改造等工作。其余 80% 部分通过一般性转移支付下达，采取省级统筹和切块下达相结合的方式组织实施，用好政策调整资金，解决长期制约全省渔业发展的重点难点问题。

省级统筹部分主要用于解决好当前全省远洋渔业、深水网箱及工厂化养殖等设施渔业发展缓慢，渔船管控能力低，渔船装备落后，渔业安全风险保障低，水产养殖基础研究薄弱，渔业资源分布不明等关系到全省渔业发展和稳定的全局性突出问题。按照保障重点、统筹兼顾的思路，确定远洋渔业、渔业渔政信息化、渔业执法装备、渔业保险、渔业种业工程、渔业资源调查与生态环境监测、渔船更新改造贷款风险担保、标准渔船设计、渔业发展战略研究与政策宣贯等 9 个资金重点使用方向，由省级统筹组织实施，补齐当前全省渔业发展短板，激发内生动力，创造有利于渔业持续健康发展的政策环境。

切块到各市的资金分配由省海洋与渔业局会同省财政厅视各地减船及更新改造任务完成和资金使用情况，由地方政府统筹安排使用，实行动态管理。在确保完成渔船油补发放、减船转产和渔船更新改造任务前提下，结合实际，统筹用于渔民培训、渔业资源养护及生态修复、休禁渔补贴、渔船安全设施配备、渔港航标等公共基础设施建设、水产养殖基础设施建设等。

3. 加强政策宣传培训

根据国家和广东省制定的油补政策发放方案，全省编制了 5 万宣传手册，派发到全省每艘渔船船主手中，终端宣传补助条件、补助标准、申请方式等政策调整内容。同时，全省印发油补调整总体方案 1 200 份至各市，并派发至渔村渔委，要求各市县渔业主管部门要深入渔区，加强宣传和引导，耐心解释新渔船油补政策规定，使渔民群众充分了解政策调整的主要内容，确保渔区和谐稳定。考虑到渔船油补与渔船基础管理工作密切相关，为指导基层油补管理人员工作开展，省渔业局将渔船油价补贴相关文件和渔船基础管理有关规定汇编成册，编制《渔船油价补贴管理资料汇编》1 300 套，派发到市县级渔业主管部门。

2016 年 6 月，省渔业局召开广东省渔业捕捞和养殖业油价补贴政策调整工作电视电话会议，局领导部署全省方案的组织实施工作。同年 7 月，渔业局召集全省各市县针对渔民减船转产、渔船更新改造项目等开展培训，解读了全省总体实施方案和项目实施细则主要内容，并对存在问题进行了深入交流，沿海各市、区（县）渔业分管领导和分管工作同志共 140 多人参加了培训。8 月 22～23 日，组织各市级渔业主管部门渔船油价补贴分管领导和业务骨干参加全省新渔船油价补贴政策暨油补软件操作培训班，为全面铺开全省渔船油补工作奠定了良好基础。

通过调整优化补贴方式，实行中央财政补贴资金与用油量脱钩，健全渔业支撑保障体系，力争到 2019 年，将广东省国内捕捞业油价补贴将至 2014 年补贴水平的 40%。使广东省国内捕捞渔船数和功率数进一步减少，捕捞作业结构进一步优化，捕捞强度得到有效控制。

（二）推进广东省休（禁）渔期渔民生产生活补助政策

1. 政策背景

随着渔业资源开发能力的增强，渔业捕捞总量逐年增加，在渔业资源繁殖、再生能力有限的情况下，渔业资源呈现出过度捕捞、资源衰退、生态环境恶化的趋势。全省自 1999 年开始实施南海海域伏季休渔制度，2011 年开始实施珠江流域禁渔制度。在休（禁）渔期间大多数渔民基本上完全失去生活来源，由于休（禁）渔期渔民不能捕鱼，临时转业能力差，生活十分困难，捕捞渔民成为新的贫困群体。国家和地方财政没有休渔保障的相应补偿机制，有些地区发动社会人士的救济款数量有限，杯水车薪，难以解决休（禁）渔期渔民的生活困难问题。

广东省在认真组织实施好休（禁）渔工作的同时，一直把解决渔民休（禁）渔期生活困难问题，作为服务渔民、解决重大民生问题来对待。多次建议上级部门在休（禁）渔期间对困难渔民给予补助，并要求各地渔业主管部门积极争取当地政府财政支持，呼吁全社会关心扶助贫困渔民。

2010 年 9 月，汪洋书记、黄华华省长和时任副省长李容根同志先后在南方日报题为《休渔期我省十多万渔业人员生活艰难》的内参上作了重要批示。容根同志指出，"对确有困难的渔民给予救助，在渔民里也要实行最低生活保障，另休渔期多组织一些活动、培训、补助旅游，长期在海洋里，也要他们到陆地多走走看看，感受祖国大好河山繁荣昌盛"。为贯彻落实省领导的批示精神，2011 年省海洋与渔业局专门组织开展了休渔期捕捞渔民生产生活专题调研，形成《广东省休渔期捕捞渔民生产生活困难调研报告》，申请省财政设立休（禁）渔期渔民生产生活困难补助专项资金，在休（禁）渔期向休（禁）渔渔民发放生活补助。从 2013 年开始，广东省财政厅安排专项资金，为符合条件的休（禁）渔期渔民提供了生产生活补助，作为政府为实施休（禁）渔政策对涉及渔民的补偿。

2. 主要内容

为促进南海伏季休渔和珠江禁渔制度顺利实施，巩固休（禁）渔期取得的成果，确保渔民群众及时领取到补助资金，全省重新修订了休（禁）渔渔民生产生活补助发放程序。2018 年，省财政厅、省海洋与渔业局联合印发了《关于印发〈广东省休（禁）渔渔民生产生活补助发放实施方案〉的通知》（粤海渔〔2018〕25号），对符合条件的休（禁）渔期渔业船舶上工作的渔业船员进行补助，并且提高了补助标准。2013—2016年，广东省最低补助标准为休渔补助1 500元/人，禁渔补助1 100元/人。2017年至今，最低补助标准为休渔补助2 100元/人，禁渔补助2 200元/人。另外，各地市在财政力量允许的情况下，自行安排配套资金，提高补助标准，尽最大可能让休渔群众得到基本生活保障，让改革成果惠及广大渔民群众。

南海伏季休渔和珠江流域禁渔期制度，是目前我国最重要、最有影响力的渔业资源养护管理制度，是贯彻落实中央生态文明建设战略部署的重要举措，对于渔业资源养护和生态环境保护具有重要作用。实施20多年来，在建设生态文明、保护海洋渔业资源、树立我负责任国家形象、服务国家外交大局等方面发挥了重要作用，是贯彻落实科学发展观、养护渔业资源、推动渔业捕捞可持续发展的重要手段。对因执行休（禁）渔制度造成生计损失的渔民给予适当补助，缓解了渔民生活困难，维护了渔区稳定，为休（禁）渔制度的顺利实施打下良好基础。

（三）落实政策性渔业保险

1. 政策性渔业保险背景及内容

水产养殖业具有投资大、见效快、效益好的特点，是繁荣农村经济、促进农民增收致富的重要产业。但水产养殖业的风险高、抗风险能力低，开展渔业保险，是市场经济条件下支持"三农"事业的要求，是建立健全水产业支撑保护体系、完善农村金融服务、推进现代水产业发展的重要途径。

广东省是自然灾害的多发区，据全国重大自然灾害调查组统计，在44种主要自然灾害中，广东省占40种，几乎无灾不有。广东省海洋与渔业厅高度重视，以服务渔业发展、推进渔业安全生产、保障渔民生命财产安全为目标，积极开展政策性渔业保险工作。2012年12月，广东省出台了《广东省政策性渔业保险试点方案》，互保协会为承保机构，方案提出为会员渔民补贴总额30%的保费。截至2017年，参与互助保险的渔民超过11万人，参保的渔民以出海渔民为主，主要分布在珠三角、阳江、汕头、汕尾等地。该协会为196万渔民（人次）、10.3万渔船（艘次）提供了互助保险服务，承担风险2 274亿元，共赔付5.28亿元。此举不仅减轻了渔民群众的经济负担，也保障了广东渔业的安全生产。2019年，广东省农业农村厅正式出台了《广东省政策性渔业保险实施方案》和《广东省政策性水产养殖保险实施方案（试行）》的通知（粤农农〔2019〕49号），进一步提高了保费比例，保费补贴达到总额的40%。政策性渔业保险切实减轻渔民经济负担，完善渔业风险转移分散机制，全面提高渔业抗风险能力和渔业安全生产保障水平，构筑平安渔业，促进社会主义新渔区建设。

2. 政策性水产养殖保险试行

由于勘察定损较难等原因，水产养殖保险一直没有实质性进展。2004年中央1号文件首次明确"开展政策性农业保险试点"工作后，农业保险获得了快速发展，但水产养殖保险发展仍然非常缓慢。2007年，中央财政对农业保险进行补贴，但没有将水产养殖保险列入中央财政保费补贴范畴。2013年3月，国务院《关于促进海洋渔业持续健康发展的若干意见》提出，要完善渔业保险支持政策，积极开展海水养殖保险。同年6月，国务院召开的"全国现代渔业建设工作电视电话会议"上，汪洋副总理提出要"支持发展渔业互助保险，鼓励发展渔业商业保险，积极开展海水养殖保险"。以服务水产养殖业发展为目标,广东省积极开展政策性水产养殖保险试点工作。2019年,广东省出台《广东省政策性水产养殖保险实施方案(试行)》,明确水产养殖保险试点的养殖模式为深水网箱、池塘(淡水鱼类)和苗种场。试行期间,省财政每年给予政策性水产养殖保险保费补贴预算资金规模为200万元,省财政补贴比例为50%。提高了全省水产养殖业抗风险能力和渔业安全生产保障水平,为全省全面开展水产养殖保险工作积累经验。

在水产养殖保险方面,广州市一直走在全省前列。广州市水产养殖长期面临台风、暴雨和冻灾等自然灾害和水产疾病等多重风险。自2008年年初冻灾以来,番禺区农业主管部门和渔业协会、保险公司一直探讨水产养殖保险的可行性和操作性。2013年年初,人保财险公司在番禺区签订了全国第一单政策性水产保险合同。随后,又在花都开展了相关的探索。市农业局在总结番禺和花都两区试点工作的基础上进行探索总结,于2017年9月印发了《广州市政策性水产养殖保险试点实施方案》(穗农〔2017〕179号),在全市范围内全面实施水产养殖保险,标志着广州市第一个本地特色的保险品种——水产养殖保险正式落地。方案规定养殖面积10亩以上的水产养殖品种都投保,保险责任包括自然灾害和特定疫病造成的水产死亡。各级财政补贴保费80%,由商业保险机构按市场化经营管理。

广州市的政策性水产养殖保险正式实施后,广大渔民和养殖企业、合作社又增加一份风险保障,改变了延续千年"看天吃饭"的命运,有利于促使农民灾后迅速恢复生产,促进农民增收。

二、渔业创新政策

（一）海洋捕捞业

一是改革管理体制。报请农业部、省政府批准，广东省海洋与渔业厅印发《关于印发〈广东省加强海洋渔船管控和海洋渔业资源总量管理实施方案〉的通知》（粤海渔〔2017〕195号），启动渔船"双控"和限量捕捞管理。并在汕头市海域开展限额捕捞试点，这是继2015年广东省实施"渔具准入制度"的又一次渔业体制。二是推进捕捞渔船更新改造。省海洋与渔业厅立项设计了20个标准新型船型，供渔民选择，新造或更新改造渔船。同时，分别与中国邮政储蓄银行广东省分行、广东省农村信用社联合社、中国银行广东省分行签署《渔船更新改造贷款风险担保资金》合同，方便渔民贷款更新改造渔船。2017年，更新改造渔船1 800艘。新建远洋渔船59艘，南沙生产骨干船更新改造153艘。三是开展渔网工具审查发证和清理违规网具。2017年，审批渔船网工具指标批准书1 913份，核（换）发渔业捕捞许可证121本，核发专项捕捞许可证454本。查处一批禁用渔具案件，清理一批禁用渔具；全省减船1 700艘（10万千瓦）。2017年，全省海洋捕捞渔船37 460艘，功率1 889 573千瓦，同比减少4.75%（1 868艘），4.02%（79 104千瓦）。

（二）水产品质量安全管理

一是创新水产品质量安全法规。2017年6月2日，广东省十二届人大常委会第三十三次会议审议通过《广东省水产品质量安全条例》，自9月1日起施行。此条例是我国《食品安全法》出台后的第一部水产品质量安全管理地方性法规。落实了《食品安全法》"四个最严"的措施，构建了"政府负责、部门尽责、企业守责、司法惩治、公众参与"的质量安全管理新格局，是广东省继开创"水产品产地准出、市场准入"管理后的又一次质量安全监管的积极探索。二是加强质量安全监管信息服务。2017年，"广东省水产品质量安全管理及信息服务系统"正式运行。头6个月，录入2016年和2017年共2.1万多个样品，约9.1万多条检测数据。"广东省养殖企业动态管理数据库"现录入养殖生产单位（个人）81 543家、面积833.01万亩；发报水产品质量安全舆情专报、特报信息40期，水产品进出口数据分析报告12期。三是举办3期健康养殖技术培训班，培训学员198人次。培训156名企业内部质量安全检查员。四是召开"2017年广东省'渔资打假'下乡活动暨水产品质量安全专项执法行动现场会"；年内全省出动执法人员（1万）多人次，检查养殖生产和经营单位（6 216个），处理水产养殖违法行为（45起）、立案（15宗）；抽检水产品（1万个），合格率（97.3%），未发生重大水产品质量安全事故。五是年内全省受理无公害水产品产地认定申报材料 118 份，审核发证 110 个；初审上报农业部 171 个无公害渔业产品申报材料。并加强无公害产地证后监管，对 18 家持证企业进行现场核查。

（三）渔政执法管理

2017 年，珠江休渔期延长 2 个月，管理难度加大，各级渔政队伍开展多种专项执法行动，为渔业发展保驾护航。一是"雷霆 2017"专项行动。全省共出动渔政执法船艇 6 102 艘（次）、执法人员 30 160 人（次），查获违反休渔期规定案件 1 393 宗，清理违规网具 1 781 张，绝户网 152 780 米，收缴"三无"船 320 艘，移交公安部门案件 35 宗，刑拘 51 人。二是"护渔 2017-5"执法行动。建立海洋自然保护区执法协作机制，加强对海洋自然保护区执法，全省共查扣违规渔船 3 艘，劝阻、驱逐各类船舶 52 艘，清理取缔定制网设施 482 处，拆除网具 23 万余张、网桩 10 万余根，立案调查违法用海案件 4 宗。三是配合实施"渔具准入制度"，开展清理整治违规渔具专项执法行动。全省共立案查处禁用渔具案件 11 宗，清理取缔定置网设施 532 处，拆除网具 24 万余张、网桩 13 万余根；移送司法机关案件 25 宗，涉案人员 41 名。四是按照"全面排查、重点整治、严厉打击、依法规范"的要求，组织清理取缔涉渔"三无"船舶专项行动。全年没收销毁涉渔"三无"船舶 933 艘。

（四）渔船检验

省海洋与渔业厅制定渔船检验"检管分离"改革实施方案，推进渔船建造行业"放管服"改革。一是建设"检管分离"信息化管理系统。培训渔船检验人员、渔船修造质检员，2017 年新增加验船师 63 名，新取得船检上岗资格证 117 人，拥有全国验船培训师 4 名、国家注册验船师评委 2 名。二是按"检管分离"实施方案规定，对海洋渔船实施年度检验。全年检验国内海洋渔船 33 121 艘、内陆渔船 11 891 艘、接受委托检验远洋渔船检验 42 艘、香港流动渔船 845 艘，澳门渔船（年度）检验 2 艘。审查图纸 350 余套，新建造海洋渔船检验发证 1 341 艘，以及检验船用产品 7.3 万台（件）。三是组织开展全省船用产品质量专项治理行动。全省检查船用产品 1.5 万件，没收或暂扣假冒伪劣船用产品 150 多件。

三、渔村确权

为贯彻落实党的十八届三中全会决定、《中共中央　国务院关于全面深化农村改革加快推进农业现代化的若干意见》（中发〔2014〕1号）和省委十一届三次全会以及《中共广东省委　广东省人民政府关于全面深化农村改革加快推进农业现代化的意见》（粤发〔2014〕9号）精神，切实推进全省农村土地承包经营权确权登记颁证（以下简称"确权登记颁证"）工作。经省人民政府同意，广东省农业农村厅制定了《广东省农村土地承包经营权确权登记颁证实施方案》（粤农〔2014〕275号）。方案按照"2014年扩大试点，2015年全面铺开，2016年基本完成"的总体安排。2014年每个地级以上市（深圳市除外）选择1个县（市、区）开展试点，东莞、中山和顺德区至少选择2个镇（街）整建制推进，在全省全面铺开之前先期完成，率先探索积累经验；其他没有试点任务的县（市、区），也要结合本地实际认真制订工作方案，逐步开展试点工作。2015年全面推开。2016年年底全省基本完成确权登记颁证任务。

截至目前，广东省农村土地确权已颁发证书1 026万本，颁证率93.95%。各地还依托土地确权工作累计化解历史遗留和潜在涉地纠纷5 191宗……至此，全省上下200多个日日夜夜的土地确权"攻坚战"交出了一个突破性"战果"，也为全省加快推进农业农村改革、大力实施乡村振兴战略提供了强有力的支撑。

同时，加快农村土地确权成果应用，大力推进农业农村改革，为实施乡村振兴战略提供坚实保障。

（一）推进承包地"三权"分置

坚持集体所有权、稳定农户承包权、放活土地经营权，鼓励承包户依法采取转包、出租、互换、转让、入股等方式，流转承包土地经营权。规范土地经营权流转行为，切实保护集体、承包户和经营户的合法权益。大力培育发展专业大户、家庭农场、农民合作社、农业产业化龙头企业等多元化新型农业经营主体，发展适度规模经营，加快推进农业产业化，实现小农户和现代农业发展的有机衔接。

（二）推进农村集体产权制度改革

在有经营性资产的村镇，特别是城中村、城郊村和经济发达村，有序推进集体经营性资产以股份或份额的形式量化到本集体成员，确权到户。加快发展多种形式的股份合作制，实现资源变资产、资金变股金、农民变股东。积极探索农村集体经济组织成员对所持有集体资产股份占有、收益、有偿退出及抵押、担保、继承权的更多有效实现形式，切实保障农民集体资产的股份权利。

（三）健全完善农村集体经济运行体制机制

加快健全完善农村集体经济组织，依托其更好管理集体资产、开发集体资源、发展集体经济、服务集体成员。大力支持农村集体经济组织以自主开发、合资合作、出租入股等方式，有效利用集体资产资源，因地制宜地发展现代农业、休闲农业和乡村旅游、社区养老和物业租赁等项目，提升经营效益，壮大集体经济。

第四部分

2018年广东省渔业发展趋势

一、发展目标和任务

根据广东省现代渔业发展"十三五"规划，全面落实《农业部关于加快推进渔业转方式调结构的指导意见》，持续推进"两减两提三转"。即着力减少养殖排放，减轻捕捞强度；大力提高渔民收入，提升质量安全水平；推动渔业发展由注重产量增长转到更加注重质量效益，由注重资源利用转到更加注重生态环境保护，由注重物质投入转到更加注重科技进步。着力构建广东省现代渔业产业体系、生产体系、经营体系，发展产出高效、产品安全、资源节约、环境友好的现代化渔业。力争到2020年，基本形成技术装备先进、经营规模适度、一、二、三产业融合、数量质量效益并重、生态环境良好的现代渔业发展格局，达到"一强增两优化三提升"基本目标，率先基本实现渔业现代化。

（一）转型升级养殖业

调整优化养殖布局，科学划定养殖区域。完善养殖水域滩涂规划，妥善清除和转移禁养区内养殖生产，严格控制限养区养殖规模。合理规划近海养殖结构和布局，调减近海养殖网箱数量，大力发展外海深水抗风浪网箱和海洋牧场，推广清洁养殖模式，建立现代渔业园区。

转变养殖生产方式，推广健康养殖模式。改变盲目提高单产的养殖方式，以市场需求为导向，坚持生态优先、绿色发展，促进渔业调优、调高、调精。发展精准渔业，推进水产标准化健康养殖，普及标准化健康清洁养殖模式和技术，提升养殖自动化水平，发展生态渔业，挖掘、提升传统生态养殖方式。发展深蓝渔业，推进深水网箱产业化基地和园区建设，开发海洋牧场，发展环境友好、生态健康的养殖模式，实现渔业稳定、高效、可持续发展。

加快建设现代水产种业体系。构建以品种为单位，涵盖基础研究、新品种培育、苗种扩繁和市场化推广及种质测试评估、公共服务平台建设等全产业链的现代种业体系，提升水产种业自主创新能力，提高良种覆盖率。扩大原良种场建设规模，加强水产种质资源库建设，建立水产种质资源保存和评估中心和种质资源信息管理系统，提升水产遗传资源保护、种质创新、资源共享能力。创新良种高效养殖技术工艺和设施，建立水产种业标准体系，提高水产种业工业化水平。加强水产种业知识产权保护，严格苗种生产监管，规范水产苗种生产许可证核发。强化水产苗种和种质资源进出口监管，切实保护全省特有种质资源。

（二）调减控制捕捞业

严格控制捕捞强度。严格执行海洋伏季休渔、珠江禁渔、海洋渔船"双控"、内陆渔船总量控制等制度，积极推进捕捞渔民转产转业，逐步减少渔船数量和功率总量，严格控制近海和内陆捕捞强度，有序开发外海渔业资源。加强渔船动态管理系统建设，建立统一的海洋和内陆渔船管理数据库，强化渔船属地管理责任，落实好老旧渔船报废工作，坚决取缔违法违规造船，清理整顿渔船异地挂靠和"大机小标"现象。

积极转变捕捞生产方式。加强近海及珠江流域渔业资源调查，科学评估渔业资源动态变化，完善捕捞业准入制度，开展限额捕捞试点。发展选择性好、高效节能的渔具渔法，坚决清理整治"绝户网"等违规渔具和涉渔"三无"船舶，严格限制建造对渔业资源破坏强度大的双船底拖网、帆张网、三角虎网等作业类型渔船。加快捕捞渔船更新改造，推动现代渔港建设，提升渔业执法能力。扶持建立捕捞渔民合作社，培育壮大海洋渔业龙头企业，提高捕捞生产组织化程度。

有序发展远洋渔业。加强远洋渔业资源调查和探捕，优先发展与海上丝绸之路沿线国家特别是南太平洋和东盟国家的渔业合作。鼓励通过兼并重组方式，建立若干家规模化生产、集团化经营、社会化服务、信息化管理的现代远洋渔业企业，新建或购置一批装备先进的远洋渔船和生产辅助船，建设一批集补给、加工、运输、仓储、配送于一体的综合型远洋渔业海外基地。

（三）着力提升加工流通业

推动水产品加工产业转型升级。鼓励引导现代水产加工新技术的生产应用，支持开发具有国际竞争力的深加工产品。巩固发展对虾、罗非鱼等出口优势品种，扶持开发网箱养殖名优品种的精深加工产品，探索开发外海渔业新资源，促进产业转型升级。支持水产品加工装备研发，提高装备模块化、精准化和自动化水平，推进水产品加工产业规模化发展。

积极发展水产电子商务。引导整合现有冷链物流资源，支持现代水产流通管理、水产品保活保鲜、物流保障、产品安全检测、信息标识与溯源等核心技术的研发与产业化应用，发展智能化水产品冷链物流产业。鼓励水产品现代物流体系与电子商务平台对接，优化升级水产品物流配送体系。鼓励信息技术在生产加工和流通销售各环节的推广应用，强化水产品市场信息服务，积极发展水产品电子商务平台，培育电子商务市场。

推动发展创新产业集聚。支持以渔港为中心的渔港经济产业园区建设试点，扶持发展渔港经济，鼓励现代渔业专业镇和渔业园区建设，提高水产品综合生产能力，推动建立以品种为特色的优势产业带。加速产业调整升级，发挥专业镇和园区主导产业集中、产品特色鲜明和经济规模较大的特点，促进特色产业从中低端逐渐向高端过渡。支持在粤东、珠三角、粤西和粤北建设 10～20 个有特色的产业集聚区。

（四）积极发展增殖业

提升增殖渔业发展能力。以重要港湾、流域、重点渔业水域和水产种质资源保护区为重点，全面开展内陆、河口、近海渔业资源养护恢复。编制《全省渔业资源增殖放流规划》，加大增殖渔业扶持力度，扩大增殖品种、数量、范围。在国家级或省级良种场中筛选完善或新建一批省级增殖放流苗种供应基地，试点增殖放流苗种集中驯化。

积极推进海洋牧场和人工鱼礁（巢）建设。积极推进以海洋牧场和人工鱼礁（巢）为主要形式的区域综合开发，建立海洋牧场和人工鱼礁（巢）示范区。在南澳岛、大亚湾、红海湾、大鹏湾、万山群岛、川山群岛、南鹏列岛、大放鸡岛、雷州湾、流沙湾等海域以及西江的肇庆、云浮、郁南和东江的河源江段等内陆水域，开展人工鱼礁（巢）规模化建设，逐步打造粤东大型海藻、珠三角游泳鱼虾类、粤西滩涂立体增殖和珠江流域"四大家鱼"为主体的新兴海洋牧场和人工鱼礁（巢）产业集聚区，形成规模化"蓝色农业"，提高渔业资源养护和生态保护水平。

（五）大力发展休闲渔业

扶持培育水族观赏鱼产业。开展热带水产观赏生物等名优观赏品种种质资源的收集、鉴定及保存利用现代育种新技术，选育速生、高产、体型优美和色彩鲜明的新品种。开展对人工改造水产生物的遗传和生态安全评估与控制，建立相应技术规范和标准，形成名优特色品种的苗种产业化应用平台。研发节能、高效、静音的高品质水族器材，积极开拓世界水族器材市场。

大力发展现代都市渔业。推进渔业向多功能拓展，做强做优特色渔业。积极引导企业、社会资金投入休闲渔业，打造休闲渔业融资平台，加强配套设施建设，建设不同类型、富有特色的休闲渔业景区。珠三角地区重点发展都市现代观光渔业，粤东西北以地方特色渔业文化和民俗文化特色资源为载体，打造休闲渔业精品品牌，建设产业融合、特色明显的新型休闲渔业产业基地和创意渔业园区，扶持创建一批广东渔业公园、省级休闲渔业示范点和精品渔庄，提升休闲渔业观光服务水平和产业档次，推进一、二、三产业融合发展。

二、渔业发展面临的条件

（一）渔业发展面临的形势

广东省是渔业大省，发展渔业历史悠久，渔业一直以来在全省经济社会发展中具有不可替代的重要作用。党的十八大以来，国家和省对现代渔业做出了系列新部署，提出了新要求。

一是近年来，党中央、国务院对包括渔业在内的农业工作高度重视，先后出台了《关于深入推进农业供给侧结构性改革加快培育农业农村发展新动能的若干意见》《关于促进海洋渔业持续健康发展的若干意见》等文件，农业部出台了《关于加快渔业转方式调结构的指导意见》。省政府制定了《关于推进海洋渔业转型升级提高海洋渔业发展水平的意见》，省第十二次党代会专门对推进农业供给侧结构性改革做出了部署，其中大部分内容都包含了渔业。

二是渔业作为大农业的重要组成，更是重要的民生产业，是沿海沿江居民赖以生存的重要支柱。渔业具有土地利用率高、产出率高、比较效益好等优势，已由过去的副业成为不少地区的主业，成为全省农业结构调整的重要方向，不少地方都把发展水产养殖作为扶持农民脱贫致富的主要途径。同时，渔港建设、渔船安全、水域生态保护等涉及民生工程，都是渔业主管部门的重要职责，需要我们从保障渔民生命财产安全、促进贫困地区居民脱贫致富的战略高度扎实做好。

三是全省渔业发展指标在诸多方面已落后于兄弟省份。2016 年的渔业发展近 20 项主要统计指标中，全省只有海洋捕捞渔船数量、淡水苗种产量两项位居全国首位。海洋捕捞渔船数量多，说明全省小旧木质渔船多，更是落后的表现，其他数据远远落后于山东、浙江等省。2016 年，广东省渔业经济总产值 2 863 亿元，位居全国第三位，比第一的山东省少 1 039 亿元；水产品总产量 869 万吨，位居全国第二位，比山东省少 72 万吨；海洋捕捞产量 147 万吨，比第一的浙江省少 185 万吨；海水养殖产量 291 万吨，比山东省少 222 万吨；远洋渔船数量 177 艘，比第一的浙江省少 373 艘；国家级良种场只有 5 家，比山东省少 9 家，等等。

（二）存在问题

1. 广东省远洋渔业存在的问题

远洋渔业基础薄弱。目前，全省远洋渔业呈现捕捞渔船数量少、吨位小、配套跟不上、基地建设滞后的特点，大型金枪鱼围网船、超低温金枪鱼延绳钓船、大型拖网加工船基本处于空白，与发达省份存在巨大差距。随着近海渔业资源的日渐衰竭，以及国际渔业环境的变化，国际组织对公海渔业资源的管理日趋严格，各国公海资源争夺日渐激烈。全省参与远洋渔业的门槛也将越来越高，发展面临重大考验。如果不能加速发展，提前布局，日后将遇到更多制约，甚至被拒之门外。

2. 广东省渔船存在的问题

渔船装备水平落后。全省现有渔船中，木质老旧渔船占比超过70％。南海地处热带和亚热带海域，热带气旋、暴雨、大风等灾害性天气频繁，现有渔船普遍存在着吨位小、设备旧、能耗高、抗风能力弱等问题，导致渔船安全事故频发。作业区域亟待调整。广东省约96％的渔船基本常年集中在南海北部近海生产，造成近海渔业资源衰退，南海中南部海域面积广阔，渔业资源丰富，受渔船自身条件限制，外海捕捞渔业发展缓慢。捕捞结构有待优化。主捕底层鱼类的拖网渔船功率和产量均居首位；主捕中上层鱼类的围网（含罩网）渔船数量少。

3. 海洋牧场存在的问题

一是与渔业发达国家甚至与我国北方大规模建设海洋牧场相比，广东省海洋牧场建设规模小、投资少，已建成的海洋牧场面积450平方米（68万亩），仅占广东省沿岸3 600万亩幼鱼幼虾繁育区的1.9％，远远不能满足广东省近海渔业资源养护和海洋生态环境修复的产业需求；二是海洋牧场项目以工程建设为主，基础科学研究投入经费少、支撑技术薄弱，人工鱼礁建设流程规范化程度和科学研究成果转化程度较低；三是广东省海洋牧场建设刚刚起步，更多地注重经济效益与短期利益状态，缺乏长期发展战略，建设零散、规模小，难以产生规模生态效应；四是广东省海洋牧场管理与维护一直落后于建设工作，尚未形成行之有效的海洋牧场管理与维护机制。

4. 增殖放流存在的问题

一是存在增殖放流资金规模小而散、放流水域和物种重点不突出不匹配、放流仪式举办过多、资金比例过大以及放流效果不明显等问题，既难以发挥增殖放流资金的规模效应，也不利于增殖放流资金的监管；二是增殖放流缺乏统一的科学指导，支撑技术研究相当薄弱，增殖放流产业面临着重大科技创新发展的问题，增殖放流虽然取得了一定的成效，但由于评估不到位，产生的效果难以得到社会认可；三是增殖放流以生产性放流为主，以追求经济效益即提高增殖物种生物量为优先目标，而不是基于生态系统适应性放流，个别地方存在着无序放流、放流品种种质不纯、放流活动随意性大等问题，影响了放流效果；四是增殖放流数量与海域生态的容量、与资源恢复的需要差距很大。

5. 休闲渔业存在的问题

休闲渔业作为新兴产业，仍处于起步阶段，且集中在珠三角，而粤东、西、北等地发展缓慢，区域发展极不平衡；产品营销模式单一，网络化电商服务刚刚起步。一是政策扶持不足，投资渠道单一。休闲渔业尚未得到各级政府和渔业管理部门的重视，管理制度和技术标准不完善，远远滞后于目前休闲渔业发展的需要。休闲渔业发展以企业投资为主，迄今还未能得到金融机构、政府等的资金扶助。企业回报期限过长，投资欠缺长期性，休闲渔业招商引资、牵动行业的发展未能走出一条路子，行业仍停留在短期效应层面上。二是区域发展不平衡。受经济基础、消费观念等因素影响，珠三角地区休闲渔业发展迅速，集中体现在广州、深圳、中山、东莞等地，而粤东、粤西、粤北等地发展普遍缓慢。三是发展水平偏低。广东省大部分休闲渔业基地建设规模和投资较小，休闲渔业知名度普遍不高，品牌意识和基础设施差，树立自主品牌观念及宣传力度欠缺，个别地方的渔业主管部门领导不够重视，管理水平不规范，从业者素质偏低。休闲渔业发展单一化、同质化现象仍然存在，"小、散、短"的特点比较突出。产品文化内涵挖掘不够，创新意识缺乏。

6. 深水网箱存在的问题

（1）技术层面 网箱结构安全是制约广东省深水网箱发展的主要因素。深水网箱配套装备缺失，支撑产业发展的工程技术系统仍然处于零散状态。养殖品种单一，品种选育进展缓慢，不足以应付多样化的市场需求。饲料开发滞后，严重影响深水网箱大规模集约化生产。深水网箱病害防治技术与产品质量安全控制专项研究尚未涉及，大规模养殖潜在风险大。深水网箱养殖成品鱼的销售形式简单，深加工空白，产业链延长带动效应未能显现。

（2）管理层面 深水网箱养殖组织化程度不高，规划执行难，部分养殖容量过大。深水网箱养殖是近10年兴起的一种新型养殖模式，大规模的养殖生产组织管理人才缺乏，规模效益未充分显现。深水网箱养殖从业者技术水平参差不齐，养殖业者的技术认知实现程度有限。

（3）政策层面 深水网箱养殖产业链各环节利益格局差异大，养殖业者话语权小，利益与风险不匹配。深水网箱养殖投入巨大，保险缺失，优惠政策形式单一，门槛高。

（三）解决措施

1. 远洋渔业

加快发展远洋渔业，有利于保障国家食物安全、拓展渔业发展空间、维护国家海洋权益，具有重要的战略意义。在远洋渔业竞争日趋激烈、大洋性渔业管理日趋严格的背景下，充分发展广东省海外华侨众多的优势，以过洋性渔业为重点，加快发展远洋渔业。在稳定和扩大现有作业区域的基础上，重点支持太平洋、印度洋、东南亚、西非等区域远洋渔业，优先发展与海上丝绸之路沿线国家特别是南太平洋和东盟国家的渔业合作。大力扶持远洋渔业龙头企业，建造或购置一批装备先进的远洋渔船和生产辅助船，建立一批综合型远洋渔业基地。

2. 广东渔船

加快海洋捕捞渔船更新改造。按照安全、节能、高效、环保的要求，选定推广一批适合全省海洋捕捞作业类型的钢质、玻璃钢质标准船型。鼓励应用液化天然气、电力推进等节能、环保技术，加快海洋捕捞渔船标准化进程。引导淘汰老、旧、木质渔船，建造适合"三沙"（西沙、中沙和南沙）、外海作业的大型钢质捕捞渔船。配备先进适用的渔业机械和助渔导航设备，培育一批现代化远洋渔业船队，全面提升远洋渔业装备水平。开展海洋渔船集中交易试点，完善船网工具指标整合的市场化机制。对中央投资补助的海洋渔船更新改造项目，按照地方配套、企业或渔民自筹的多渠道筹资原则落实项目资金。

3. 海洋牧场

加大海洋牧场建设投入，健全海洋牧场建设管理机制。加快推进海洋牧场相关配套法规和技术标准制订，规范海洋牧场的建设、经营、管理、维护等行为。加大财政资金支持，并探索以海域确权使用为前提的海洋牧场建设和管理模式，实施海洋牧场公司化管理机制，有效引导企业和社会团体等广泛投资建设。加强海洋牧场应用技术研究，形成海洋牧场可视化监控机制，提高建设管理科技支撑力度，推动海洋牧场科学发展。积极推进以人工鱼礁为载体、底播增殖为手段、增殖放流为补充的海洋牧场建设，新建和扩大海洋牧场15个，面积100万亩以上。逐步打造粤东以大型海藻高效增养殖为主体、珠三角以游泳性鱼虾类增殖产出和海洋碳汇为主体、粤西以滩涂贝类高效增养殖为主体的战略性新兴海洋牧场产业集聚区，大力发展增殖渔业，形成规模化海洋碳汇"蓝色农业"，带动现代休闲渔业发展，提高渔业资源和生态环境保护水平。

4. 增殖放流

加大增殖放流投入，完善增殖放流体系。将增殖放流资金来源纳入广东省、市、县财政预算，加大资金投入，专款专用，统筹安排放流资金，省统一放流和市县针对性放流相结合，并积极引导社会参与，形成国家、省、市、县、集体、个人共同投资进行增殖放流的长效机制。整合增殖放流资金，统一规划、统一放流、统一评估效果，结合禁渔、休渔，在合适季节集中品种、集中水域增殖放流，集中出效果，充分发挥增殖放流应有的规模效应。加大增殖放流研究力度，加强增殖渔业资源监测与管理，提高科技支撑水平，促进增殖放流走向标准化、规范化、科学化和现代化轨道。构建"区域特色鲜明、目标定位清晰、布局科学合理、评估体系完善、管理规范有效、综合效益显著"的广东省水生生物增殖放流体系，促进广东省渔业资源恢复、生态环境改善和渔民增产增收。建立粤东海水名贵经济贝类增殖中心、大亚湾岛礁生物资源增殖中心、粤西优质贝类资源增殖中心、西江渔业资源增殖中心、北江渔业资源增殖中心和东江（水库）增养殖中心等5个渔业资源增殖中心，在国家级或省级海水良种场中挑选或新建一批省级种苗增殖放流基地；加强增殖渔业资源监测与管理。健全增殖渔业资源监测机构和渔政监督管理机构；加强监测和执法设施装备建设，提高监控能力和水平。

5. 休闲渔业

一是健全休闲渔业管理制度和标准。尽快修订《广东省休闲渔业管理办法》，制定成套的广东省休闲渔业技术标准，制定海钓、垂钓、渔业体验、餐饮等生产操作规范及服务标准，制定钓具、钓饵标准，休闲渔船（艇）的安全标准、观赏鱼品种标准等，引导休闲渔业经营主体标准化生产、规范经营。二是制定全省和地方休闲渔业发展规划，把休闲渔业发展纳入渔业发展规划和当地经济发展总体规划，将休闲渔业有机融入经济社会发展大局，引导休闲渔业高起点、高起步、高层次发展。三是完善休闲渔业扶持政策。在用地、用海、环境评估、审批等方面给予倾斜和方便，政府在资金方面给予扶持。鼓励民间资本采取多种形式参与休闲渔业发展和经营。加强休闲渔业人员素质培养，加强宣传提高休闲渔业品牌知名度，增强对游客的长久吸引力，以休闲渔业吸引客源，以三产服务创造效益。四是创新互联网休闲渔业发展模式。积极培育和推进"互联网＋休闲渔业"的发展模式，深化电商融合，打造互联网销售服务平台，打造休闲渔业体验式文化。

6. 深水网箱

组织相关学科科技人员联合攻关，增强自主创新能力。加强广东省深远海深水网箱养殖规划的研究与制定，为引入准入竞争机制做准备，加强统一科学指导，严控养殖规模。建立健全合理的流通体制，加强制定政策性投资扶持及保险扶持等优惠措施，使优惠政策形多元化。加强对养殖从业者的培训指导，提高深水网箱养殖从业者技能。

三、渔业发展趋势判断

2018 年，广东省渔业发展既充满机遇，又面临着诸多挑战。近些年来推进现代渔业发展逐渐成为国家战略；且国家海洋综合试验区建设将广东省列入全国海洋综合开发试验区，为广东省渔业发展注入强力引擎；广东省发展现代渔业地缘优势突出，且渔业自然条件优越。但是全省资源衰退趋势未得到根本遏制，渔业生态环境保护形势更加严峻，渔业产业结构有待进一步优化，渔业生产模式亟待转型升级，水产品质量安全问题仍然突出，渔业生产组织化程度不高，渔业生产和安全基础设施仍然薄弱，以上突出问题迫使全省渔业产业亟须转型升级。

（一）发展机遇

1. 推进现代渔业发展成为国家战略

2013 年，国务院印发了《关于促进海洋渔业持续健康发展的若干意见》，强调加强海洋综合管理，发展海洋经济，提高海洋资源开发能力。这是新中国成立以来，首次将开发利用海洋渔业提升到国家战略高度。同年，国务院召开首次全国现代渔业建设工作电视电话会议，会议提出要建设现代渔业，强调要加快形成生态良好、生产发展、装备先进、产品优质、渔民增收、平安和谐的现代渔业发展新格局。

2. 国家海洋综合试验区建设注入强力引擎

2011 年，国务院批复《广东海洋经济综合试验区发展规划》，将广东省列入全国海洋综合开发试验区。2012 年，广东省省委、省政府提出把发展海洋经济作为加快转型升级的重要引擎来抓，力争在全国率先建成海洋经济强省，一系列政策和措施的出台，必将促进广东省沿海海洋渔业、海洋生物产业的新一轮大发展。《珠江三角洲地区改革发展规划纲要》的实施，为现代渔业的改革发展创造了条件。

2014 年，国务院决定设立中国（广东省）自由贸易试验区。广东省自由贸易试验区的设立，将为广东省现代外向型渔业发展提供投资准入政策、货物贸易便利化措施、服务业开放扩大等方面优越条件。

3. 广东省发展现代渔业地缘优势突出

一是广东省作为全国经济国际化最高的省份，处于两大经济体系交汇点上，可以充分利用中国-东盟自由贸易区构建的机遇，发展与东盟国家的海洋渔业经贸合作；二是广东省与香港、澳门共同组成大珠三角经济区，可以利用"两制"互补，整合三地的渔业资源，创造粤港澳渔业经济合作的新格式；三是广东省位于泛珠江三角洲经济圈的核心地带，为广东加强与泛珠江三角地区沿海省份的合作，共同开发利用和保护好渔业资源，实现互补共赢提供了新的机制。

4. 广东省渔业自然条件优越

广东省位于中国大陆最南部，陆地面积 18 万平方千米，约占全国陆地面积的 1.87%；广东省海域辽阔，热带、亚热带气候特征性明显，海域面积达 45 万平方千米，占南海总面积的 20.8%；拥有 4 114 千米的大陆海岸线，占全国的 16.7%；海岛岸线 1 650 千米，占全国的 12%。年平均气温超过 20℃，日照充足，海区终年无冬，非常有利于水生生物资源整体生产力的增长。内陆河流纵横，水网交织，珠江长 2 122 千米，是中国第三大河流。优越的自然条件，为现代渔业发展奠定良好发展的自然环境。

（二）面临的挑战

1. 资源衰退趋势未得到根本遏制

目前，全省海洋和内陆水域捕捞渔船维持在 5.5 万艘左右，总功率 212 万千瓦。尽管"十二五"期间按农业农村部部署，继续实行了渔船"双控"制度，推进捕捞作业结构调整，推广节能渔船，改革渔具渔法，完善休禁渔制度和增殖放流等一系列加强渔业资源养护的强制措施，但是渔业资源利用的"无序、无度、无偿"状态没有得到根本性转变，近海渔业资源衰退趋势仍未得到根本扭转，多数传统优质鱼种已不能形成渔汛，渔获物中优质鱼类的比例连年明显下降。

2. 渔业生态环境保护形势更加严峻

受工业污水、城镇生活废水和农业面源污染不断加剧的影响，渔业生态环境污染和退化问题日益凸显，赤潮灾害和渔业水域污染事故频发，渔业经济损失越来越严重；受围填海、航道疏浚和采沙等人类活动的影响，滨海湿地大量丧失，渔业生态系统稳定性及其对生物资源的调节、补充和输出等渔业功能均已明显减弱；已建各类水生生物保护区基础设施和保护能力不足，保护效率不高，与新时期水域生态文明建设要求差距甚远。

3. 渔业产业结构有待进一步优化

全省渔业发展水平不平衡，产品同质化严重，导致产业效益难以提升，渔业优势未能有效凸显；渔业经济总产值主体仍然由科技含量相对较低的第一产业创造，二、三产业比重仍然较低，水产品加工率不到 20%；休闲渔业作为新兴产业，仍处于起步阶段，且集中在珠三角，而粤东、粤西、粤北等地发展缓慢，区域发展极不平衡；产品营销模式单一，网络化电商服务刚刚起步。

休闲渔业作为新兴产业，虽已完成基础培育阶段，但仍处于起步阶段，总体上存在形式单一、规模不大、收益偏低、发展不平衡的特点。一是大部分休闲渔业基地建设规模和投资较小；二是绝大多数休闲渔业项目形式单一，缺乏深层次的文化内涵；三是受各地经济基础、人们消费观念等因素影响，珠三角地区休闲渔业发展相对较快，集中体现在广州、深圳、中山、东莞等地。

4. 渔业生产模式亟待转型升级

渔业生产仍以水产养殖和捕捞作业为主体，而水产养殖仍以片面追求经济效益为目标，忽略了对水域生态环境的保护；水产种业体系建设滞后，具有自主知识产权的新品种少，现代水产种业运营模式和产业技术体系亟待建立；陆地工厂化养殖装备和养殖技术仍处于起步阶段，深水抗风浪网箱养殖装备智能化水平与发达国家仍存在较大差距，养殖综合配套技术仍未达到标准化生产水平。

5. 水产种业体系尚未完善

广东省虽然是水产苗种生产大省，但是全省水产种业体系建设相对滞后，水产种质资源保护与种质创新利用水平有待提高，水产种质评价与性质测试中心尚未建立，水产育种基础研究薄弱，育种理论与技术体系不完善，现代化水产种业运营模式和产业体系亟待建立。自2004年以来，全国水产遗传育种中心共成立了31个，广东省仅有2个；截至2017年，共建立了84家国家级水产原良种场，广东省仅有5家；建有535处国家级水产种质资源保护区，广东省仅有17家。此外，"十二五"以来通过全国水产原良种委员会审定的水产新品种44个，而广东省自主培育的水产新品种仅有4个。总的来说，这与广东省是水产养殖和苗种生产大省的地位极不相称。

6. 水产品质量安全问题仍然突出

水产品质量安全问题已成为现代渔业发展的关键制约因素。"桂花鱼用禁药""牡蛎重金属超标""毒鲨鱼翅""鱼类生物毒素"等水产品质量安全事故频发；产品质量安全和成本因素成为影响全省水产品出口竞争力降低的重要因素；全省水产品质量安全科研机构缺乏，自主科研创新经费投入明显不足，科研与检测能力与农产品相比，极其薄弱。

7. 渔业生产组织化程度不高

全省渔业生产仍是以家庭经营为主体，经营规模小，集约化和组织化程度低，制约了现代科学技术和物质装备的推广应用，渔业产业化经营仍处于低水平发展状态；渔业生产合作社建设滞后，渔业专业合作组织化程度很低，大部分合作者主要从事水产养殖，业务单一，产品附加值低，抵御生产和市场风险能力很差，政府支持政策不够，制度不完善，总体竞争力有待提高。

8. 渔业生产和安全基础设施仍然薄弱

渔业基础设施仍然比较薄弱，渔港建设滞后，防灾减灾能力不强；养殖基础设施建设投入不足，全省淤积老化的低产鱼塘占了总面积的52%；全省主机功率44.1千瓦以下的小型海洋捕捞渔船占到78.2%，95%的渔船是木质渔船，渔船老旧，装备落后，渔业安全生产压力巨大，难以满足现代捕捞业发展需要；渔政设施、安全救助设施等渔业发展的支撑保障基础依然薄弱，制约了广东省平安渔业的发展。

附　表

附表 1　2017 年广东省渔业主要指标及其发展情况

主要指标	单位	2016 年	2017 年	2017 年比 2016 年增减	
				数量	％
水产品总产量	万吨	818.29	833.54	15.25	1.86
海洋捕捞（包括外海）	万吨	146.5	144.14	−2.36	−1.61
海水养殖	万吨	290.52	302.91	12.39	4.26
淡水捕捞	万吨	12.12	12.04	−0.08	−0.66
淡水养殖	万吨	364.63	369.69	5.06	1.39
渔业总产值（按现价计算）	亿元	2 863.09	3 146.08	282.99	9
水产品产值（不包括种苗）	亿元	1 223.44	1 306.65	83.21	6.37
海洋捕捞	亿元	141.1	158.63	17.53	11.05
海水养殖	亿元	457.22	530.89	73.67	13.88
淡水捕捞	亿元	15.84	15.51	−0.33	−2.13
淡水养殖	亿元	581.47	571.08	−10.39	−1.82
水产种苗	亿元	27.82	30.53	2.71	8.88
第二产业产值	亿元	361.48	396.93	35.45	8.93
其中：水产品加工	亿元	218.41	233.12	14.71	6.31
渔机修造	亿元	6.92	7.09	0.17	2.4
绳网制造	亿元	1.68	1.89	0.21	11.11
建筑业	亿元	8.12	8.94	0.82	9.17
渔民人均纯收入	元/人	14 486	16 963	2 477	14.6
海洋捕捞产量	万吨	146.5	144.14	−2.36	−1.64
其中：鱼类	万吨	105.19	102.16	−3.03	−2.97
虾类	万吨	15.75	15.17	−0.58	−3.82
蟹类	万吨	8.17	8.29	0.12	1.45
贝类	万吨	5.28	5.43	0.15	2.76
藻类	万吨	0.72	0.64	−0.08	−12.5

（续）

主要指标	单位	2016 年	2017 年	2017 年比 2016 年增减	
				数量	%
头足类	万吨	7.56	7.62	0.06	0.79
海水养殖总面积	千公顷	166.2	161.69	−4.51	−2.79
产量	万吨	290.52	302.91	12.39	4.09
单产	千克/公顷	1.75	1.87	0.12	6.42
其中：鱼类面积	千公顷	26.89	27.26	0.37	1.36
产量	万吨	47.8	54.04	6.24	11.55
单产	千克/公顷	1.78	1.98	0.2	10
虾类面积	千公顷	51.21	53.64	2.43	4.53
产量	万吨	42.85	54.04	11.19	20.71
单产	千克/公顷	0.84	1.01	0.17	16.83
蟹类面积	千公顷	7.84	9	1.16	12.89
产量	万吨	6.14	6.63	0.49	7.39
单产	千克/公顷	0.78	0.74	−0.04	−5.41
贝类面积	千公顷	73	65.14	−7.86	−12.07
产量	万吨	185.45	186.11	0.66	0.35
单产	千克/公顷	2.54	2.86	0.32	11.19
藻类面积	千公顷	2.42	2.37	−0.05	−2.11
产量	万吨	7.32	7.52	0.2	2.66
单产	千克/公顷	3.02	3.17	0.15	4.73
淡水养殖总面积	千公顷	314.6	312.08	−2.52	−0.81
产量	万吨	364.62	400.61	35.99	8.98
单产	千克/公顷	1.16	1.29	0.13	10.08
其中：池塘养殖面积	千公顷	235.15	232.03	−3.12	−1.34
产量	万吨	300	400	100	25
单产	千克/公顷	1.28	1.72	0.44	25.58
其中：鱼类产量	万吨	331.89	337.77	5.88	1.74
虾类产量	万吨	27.52	25.51	−2.01	−7.88
蟹类产量	万吨	0.64	0.87	0.23	26.44
淡水捕捞产量	万吨	12.12	12.04	−0.08	−0.66
其中：鱼类	万吨	7.78	7.58	−0.2	−2.64
虾类	万吨	0.88	0.83	−0.05	−6.02
蟹类	万吨	0.34	0.28	−0.06	−21.43
贝类	万吨	3.03	3.26	0.23	7.06
水产冷库数量	座	561	539	−22	−4.08

（续）

主要指标	单位	2016 年	2017 年	2017 年比 2016 年增减	
				数量	％
制冰能力	吨/日	38 887	37 908	−979	−2.58
冻结能力	吨/日	23 993	22 429	−1 564	−6.97
冷藏能力	吨/次	359 890	352 747	−7 143	−2.02
水产加工品数量	万吨	149.88	152.65	2.77	1.81
其中：冷冻品	万吨	40.84	42.45	1.61	3.79
渔业乡（镇）	个	97	99	2	2.02
渔业村	个	1 013	1 045	32	3.06
渔业人口	万人	233	227.74	−5.26	−2.31
渔业劳力	万人	101.74	124.22	22.48	18.1
其中：专业劳力	万人	82.86	81.39	−1.47	−1.81
兼业劳力	万人	36.03	35.7	−0.33	−0.92
机动渔船合计艘数	艘	60 593	58 232	−2 361	−4.05
吨位	吨	973 149	1 021 245	48 096	4.71
功率	千瓦	2 442 331	2 328 333	−113 998	−4.9
其中：生产渔船艘数	艘	55 805	53 662	−2 143	−3.99
吨位	吨	893 919	939 343	45 424	4.84
功率	千瓦	2 169 904	2 056 437	−113 467	−5.52
非机动渔船艘数	艘	3 299	2 823	−476	−16.86
吨位	吨	7 576	6 905	−671	−9.72

附表 2　广州市 2017 年海洋与渔业主要指标

主要指标	单位	全市合计	越秀区	海珠区	荔湾区	天河区	白云区	黄埔区	番禺区	花都区	南沙区	从化区	增城区
渔业人口	人	50 152		792	216	101	2 264	2 240	11 635	9 782	6 630	1 186	15 306
渔业乡数	个	1											1
渔业村数	个	16		4			1		4	2	5		
机动渔船	艘	2 141		125			43	43	948	52	893		37
渔业经济总产值	亿元	119		0.3	7.2	0.2	6.2	9	38.1	11.3	39.2	0.9	6.6
水产品总产值	亿元	78.83		0.3	0.6	0.03	3.5	0.8	26.4	7.3	32.8	0.9	6.2
水产品总产量	吨	447 595		951	406	306	29 701	5 443	149 286	70 901	132 353	7 601	50 647
海水捕捞	吨	16 255		785				177	13 712		1 209		372
海水养殖	吨	80 308		166			41		33 001	93	47 307		1 766
淡水捕捞	吨	41 315			406	306	29 660	5 266	35 449	70 808	3 800	7 601	48 509
淡水养殖	吨	313 884							67 124		84 204		
水产养殖总面积	公顷	23 885.53			24.7	28.33	1 985	498.8	3 599.9	5 089	7 946.1	1 446	3 268.8
海水养殖	公顷	4 219.7							1 384		2 835.7		
淡水养殖	公顷	19 665.9			24.7	28.3	1 985	498.8	2 215.9	5 089	5 110.5	1 446	3 268.8

附表 3　珠海市 2017 年海洋与渔业主要指标

主要指标	单位	全市合计	香洲区	斗门区	金湾区	万山区	高新区	高栏港区	横琴区
水产品总产量	吨	319 075	2 232	243 398	26 306	27 830	5 624	13 685	
其中：海洋捕捞	吨	20 393	2 232	1 175	64	14 330	1 967	625	
远洋渔业	吨	10 000	0	0	0	10 000	0	0	
海水养殖	吨	83 292	0	53 566	9 426	13 500	2 600	4 200	
淡水捕捞	吨	1 806	0	1 726	80	0	0	0	
淡水养殖	吨	213 584	0	186 931	16 736	0	1 057	8 860	
养殖面积	公顷	26 248.72	0	12 858.19	5 702.53	4 800	1 180	1 708	
其中：海水养殖	公顷	14 646.06	0	4 223.06	3 908	4 800	1 040	675	
淡水养殖	公顷	11 602.66	0	8 635.13	1 794.53	0	140	1 033	
渔业船舶拥有量	艘	2 202	275	757	103	598	100	369	
总吨位	总吨	30 805	17 061	5 207	388	4 634	2 952	563	
功率	千瓦	79 736	33 688	13 590	1 274	21 518	6 259	3 407	

附表 4　佛山市 2017 年渔业主要指标

主要指标	单位	全市合计	禅城区	南海区	顺德区	高明区	三水区
渔业人口	人	169 880	815	35 736	82 520	22 072	28 737
渔业劳动力	人	96 593	819	26 441	46 100	8 927	14 306
渔业村数	个	41	0	25	0	5	11
机动渔船	艘	1 807	23	482	310	44	948
渔业经济总产值	亿元	258.1	0.6	136.3	75.6	27.8	17.8
水产品总产值	亿元	120.3	0.7	31.6	59.4	10.7	17.9
水产品总产量	吨	656 486	4 586	198 263	255 861	66 438	131 338
淡水捕捞	吨	6 284	54	517	850	106	4 757
淡水养殖	吨	650 192	4 532	197 746	255 011	66 322	126 581
淡水养殖面积	公顷	36 208.80	376	10 095	10 622	5 041	10 074.80

附表 5　东莞市 2017 年海洋与渔业主要指标

主要指标	单位	全市合计
海岸线	千米	112.2
海域面积	平方千米	82.57
渔业人口	人	19 169
渔业劳动力	人	4 818
渔业乡数	个	0
渔业村数	个	3
机动渔船	艘	262
渔业经济总产值	亿元	21.6
水产品总产值	亿元	6.486 9
水产品总产量	吨	51 399
海水捕捞	吨	6 514
海水养殖	吨	1 184
淡水捕捞	吨	886
淡水养殖	吨	42 914
水产养殖总面积	万亩	9.017
海水养殖	万亩	0.276
淡水养殖	万亩	8.74
渔民人均纯收入	万元	1.6

附表 6　中山市 2017 年海洋与渔业主要指标

主要指标	单位	数值
陆域面积	平方千米	1 783.67
常住人口	万人	326
GDP	亿元	3 450.31
海岛数量	个	5
渔业产值	亿元	62.45
水产养殖面积	万亩	30.94
水产品总产量	万吨	32.29
全市水产品出品量	万吨	7.25
港口数量	个	2
渔船数量	艘	726

附表 7　江门市 2017 年海洋与渔业主要指标

主要指标	单位	全市合计
海岸线	千米	414.8
海域面积	平方千米	2 886
渔业人口	人	121 556
渔业劳动力	人	81 138
渔业村数	个	54
机动渔船	艘	4 362
渔业经济总产值	亿元	182.65
水产品总产值	亿元	130.66
水产品总产量	吨	753 935
海水捕捞	吨	97 563
海水养殖	吨	209 761
淡水捕捞	吨	11 734
淡水养殖	吨	434 877
水产养殖总面积	公顷	55 259
海水养殖	公顷	19 559
淡水养殖	公顷	35 700
渔民人均纯收入	元	17 549

附表 8　茂名市 2017 年海洋与渔业主要指标

主要指标	全市合计	市直	流通系统	茂南区	电白区	滨海新区	高新区	化州市	高州市	信宜市
水产品总量（吨）	894 744			34 049	348 666	292 289	1 083	116 454	72 315	29 888
其中：海洋捕捞（吨）	151 030				56 751	94 279				
海水养殖（吨）	450 019				254 970	195 049				
淡水捕捞（吨）	4 371			749				1 087	1 801	734
淡水养殖（吨）	289 318			33 300	36 939	2 961	1 083	115 367	70 514	29 154
渔业经济总产值（亿元）	1 446 549.57	18 090	102 629	88 480	545 500	424 058	772.29	156 354.28	78 377	32 289
其中：渔业产值（亿元）	777 519.15			42 607	355 222	193 040	772.29	90 811.86	62 777	32 289
水产养殖总面积（公顷）	37 434			3 388	16 315	3 633	89	7 358	4 383	2 268
海水养殖（公顷）	15 265				11 795	3 470				
淡水养殖（公顷）	22 169			3 388	4 520	163	89	7 358	4 383	2 268
机动渔船数量（艘）	2 775				938	1 837				
渔船总功率（千瓦）	215 555				53 015	162 540	168			
渔业人口（人）	193 214			17 176	55 394	49 858	49	40 121	17 880	12 617
渔业从业人员（人）	72 392			4 276	18 538	19 802		12 605	8 055	9 067
渔业乡（个）	9				7	2				
渔业村（个）	59				26	33				
渔民人均纯收入（元）	12 977.70			6 760.01	20 819.76	11 028.32	10 892.86	10 738.35	8 724.83	7 890.94

附表9 惠州市2017年海洋与渔业主要指标

主要指标	单位	全市合计	惠东县	大亚湾	惠阳区	博罗县	龙门县	惠城区	仲恺区
大陆海岸线	千米	281.4	218.3	63.1	0	0	0	0	0
海域面积	平方千米	4 520	2 785	1 735	0	0	0	0	0
水产品总量	吨	164 801	64 124	27 952	4 628	28 820	6 416	21 086	11 775
其中：海洋捕捞	吨	22 231	14 747	7 484	0	0	0	0	0
海水养殖	吨	60 164	40 159	20 005	0	0	0	0	0
淡水捕捞	吨	1 119	147	0	0	700	69	177	26
淡水养殖	吨	81 287	9 071	463	4 628	28 120	6 347	20 909	11 749
渔业经济总产值	亿元	309 795	147 941	58 899	5 713	48 875	13 503	23 345	11 519
其中：水产品产值	亿元	256 303	139 802	27 792	5 664	35 797	13 017	22 939	11 292
水产养殖总面积	公顷	19 700	5 787	1 252	853	5 537	2 223	2 523	1 525
海水养殖	公顷	3 567	2 450	1 117	0	0	0	0	0
淡水养殖	公顷	16 133	3 337	135	853	5 537	2 223	2 523	1 525
机动渔船	艘	2 290	1 094	754	0	147	64	230	1
渔船总功率	千瓦	64 768	25 385	34 958	0	1 724	567	2 122	12
渔业人口	人	63 424	27 900	8 050	1 473	15 450	6 214	2 341	1 996
渔业从业人员	人	41 898	18 798	4 110	1 385	8 626	4 580	2 312	2 087
渔业乡	个	3	1	2	0	0	0	0	0
渔业村	个	30	14	7	0	0	0	4	5
渔民人均纯收入	元	9 805	10 630	10 037	8 942	8 748	6 206	14 601	9 474

附表10 汕头市2017年海洋与渔业主要指标

主要指标	单位	全市合计	金平区	龙湖区	澄海区	濠江区	潮阳区	潮南区	南澳县
渔业人口	人	142 351	10 708	1 930	26 800	25 846	33 495	15 107	28 465
渔业劳动力	人	63 837	6 405	954	9 590	11 182	19 482	4 620	11 604
渔业乡数	个	7	0	1	0	2	1	0	3
渔业村数	个	34	2	1	0	11	5	1	14
机动渔船	艘	2 587	250	126	201	346	633	224	807
渔业经济总产值	亿元	62.03	1.13	1.12	17.6	8.92	11.63	5.97	15.66
水产品总产值	亿元	55.68	1.13	1.12	15.85	8.9	10.86	2.63	15.19
水产品总产量	吨	468 095	16 257	11 281	83 449	46 731	97 984	25 502	186 891
海水捕捞	吨	149 310	594	3 490	10 740	19 062	43 156	8 530	63 738
海水养殖	吨	226 089	11 537	2 209	33 796	25 164	29 730	3 000	120 653
淡水捕捞	吨	3 529	0	0	2 071	0	977	481	0
淡水养殖	吨	89 167	4 126	5 582	36 842	2 505	24 121	13 491	2 500
水产养殖总面积	公顷	15 348.7	1 517	413.7	3 295	2 321	3 236	1 080	3 486
海水养殖	公顷	11 058	1 097	149	2 210	2 151	1 787	340	3 324
淡水养殖	公顷	4 289.7	420	264.7	1 085	170	1 448	740	162
渔民劳均纯收入	元	33 678	32 425	108 649	54 070	28 044	31 462	31 558	29 756
渔民人均纯收入	元	10 720	12 000	12 497	11 500	10 524	10 634	9 651	10 230

附表 11　揭阳市 2017 年海洋与渔业主要指标

主要指标	单位	全市合计	惠来县	揭东区	揭西县	普宁市	空港区	榕城区	产业园	大南海
水产品总量	吨	144 874	79 100	9 849	20 412	8 780	11 123	2 613	7 295	5 702
其中：海洋捕捞	吨	53 080	50 338				2 598			144
海水养殖	吨	20 047	16 764				863			2 420
淡水捕捞	吨	3 645	572		364	209	672	1 150	314	364
淡水养殖	吨	68 539	11 426	9 849	20 485	8 571	6 990	1 463	6 981	2 774
渔业经济总产值	亿元	31.42	20.44	2.03	3.25	1.15	2.32	0.31	0.84	1.08
其中：水产品产值	亿元	12.14	1.25	2.02	3.24	1.12	2.31	0.31	0.81	1.08
水产养殖总面积	公顷	8 190	2 913	722	1 860	952	576	88	617	462
其中：海水养殖	公顷	1 782	1 503				70			209
淡水养殖	公顷	6 408	1 410	722	1 860	952	506	88	617	253
生产渔船数	艘	1 733	923		79		467	63	82	119
生产渔船功率	千瓦	111 472	92 544		477	13 820	3 308	189	318	816
渔业人口	人	201 384	130 377	10 521	21 733	7 772	15 706	7 018	9 480	6 549
渔业从业人员	人	93 135	55 100	4 648	9 780		5 416	4 442	3 828	2 149
渔业村	个	33	25	2			6			
渔民人均纯收入	元	11 473								
海洋产业总产值	亿元	268					1			
渔港	个	4	3							
示范渔港	个	1	1							
海域面积	平方千米	1 338.2	1 328.6				9.6			
海岛	个	155	155							
海岸	千米	136.91	111.53				25.38			

附表 12　肇庆市 2017 年渔业主要指标

主要指标	单位	全市合计	端州区	鼎湖区	四会市	高要区	广宁县	德庆县	封开县	怀集县	大旺区
水产品总产量	吨	437 769	644	42 965	127 357	173 692	7 090	18 055	36 388	29 706	1 872
淡水捕捞	吨	5 300	126	145	956	1 856	390	318	1 000	509	0
淡水养殖	吨	432 469	518	42 820	126 401	171 836	6 700	17 737	35 388	29 197	1 872
养殖总面积	公顷	33 536.06	442.8	5 220	7 746.9	10 661	1 149.36	1 757	2 139	4 161	259
淡水养殖	公顷	33 536.06	442.8	5 220	7 746.9	10 661	1 149.36	1 757	2 139	4 161	259
渔业船舶拥有量	艘	1 507	0	107	204	452	51	312	279	102	0
总吨位	总吨	2 093	0	191	294	622	69	395	417	105	0
功率	千瓦	11 593	0	1 122	2 066	2 873	353	2 226	1 970	983	0

附表 13　韶关市 2017 年渔业主要指标

主要指标	单位	全市合计	浈江区	武江区	曲江区	乐昌市	南雄市	仁化县	始兴县	翁源县	新丰县	乳源县
渔业人口	人	86 483	8 652	1 948	5 889	18 200	13 685	5 044	12 627	9 015	9 300	2 123
渔业劳动力	人	27 002	0	1 893	0	2 977	10 800	1 480	6 586	0	3 050	216
渔业村数	个	1				1						
机动渔船	艘	756	188	63	124	122	0	132	0	0	0	127
渔业经济总产值	亿元	9.47	1	0.38	2.09	0.57	2	1.07	0.73	0.85	0.47	0.31
水产品总产值	亿元	9.34	1.11	0.39	2.09	0.51	2	0.97	0.73	0.78	0.47	0.29
水产品总产量	吨	79 207	9 556	3 043	15 275	5 081	16 805	9 294	6 055	7 490	3 738	2 870
淡水捕捞	吨	2 969	132	55	105	103	882	956	310	190	13	223
淡水养殖	吨	76 238	9 424	2 988	15 170	4 978	15 923	8 338	5 745	7 300	3 725	2 647
淡水养殖面积	公顷	15 970	1 749	594	1 890	1 645	3 212	1 683	1 170	1 605	729	1 693

附表 14　梅州市 2017 年渔业主要指标

主要指标	单位	全市合计	梅江区	兴宁市	梅县区	平远县	蕉岭县	大埔县	丰顺县	五华县
水产品总产量	吨	105 317	7 575	16 858	28 165	9 002	5 962	6 718	14 091	16 946
其中：淡水捕捞	吨	9 715	175	1 171	2 400	452	1 250	871	1 060	2 336
淡水养殖	吨	95 602	7 400	15 687	25 765	8 550	4 712	5 847	13 031	14 610
渔业经济总产值	万元	186 490	8 078	33 497	77 942.8	22 131.88	5 690.16	6 455	13 258	19 437.1
其中：渔业产值	万元	113 340	7 775	17 880	33 843.46	11 746.54	5 416.42	5 428	11 813	19 437.1
水产养殖总面积	公顷	10 689.61	557.61	2 065	3 027	900	363	558	1 051	2 168
渔业人口	人	99 637	7 156	27 150	30 345	4 475	3 597	5 680	11 302	9 932
渔业从业人员	人	52 271	1 965	14 920	12 138	2 026	3 564	4 740	6 135	6 783
渔业村	个	3	0	0	3	0	0	0	0	0
休闲渔业产值	万元	5 231	185	2 617	1 800	300	125.4	54	150	0

附表 15 汕尾市 2017 年海洋与渔业主要指标

主要指标	单位	全市合计	城区	海丰县	陆丰市	红海湾区	陆河县	华侨区
水产品总量	吨	557 736	200 099	94 760	229 987	28 608	3 672	610
其中：海洋捕捞	吨	237 342	90 798	4 838	134 706	7 000		
海水养殖	吨	276 077	106 899	66 694	80 876	21 608		
淡水捕捞	吨	3 244		2 250	982		12	
淡水养殖	吨	41 073	2 402	20 978	13 423		3 660	610
渔业经济总产值	万元	943 983.8	280 759	103 774	453 406	98 275	7 044.76	725
水产养殖总面积	公顷	18 004	3 814	5 850	6 537	1 050	700	53
海水养殖	公顷	12 692	3 660	2 736	5 246	1 050		
淡水养殖	公顷	5 312	154	3 114	1 291		700	53
渔船数量	艘	5 037	1 718	452	2 535	332		
渔船总功率	千瓦	292 797	108 437	10 881	150 502	22 977		
渔业人口	人	176 076	30 992	12 130	103 192	26 632	2 645	485
渔业从业人员	人	59 904	14 707	7 900	29 848	5 361	1 727	361
渔业乡	个	30	7	6	11	3		3
渔业村	个	168	7	7	56	17	74	7

附表 16 潮州市 2017 年海洋与渔业主要指标

主要指标	单位	全市合计	饶平县	潮安区	湘桥区	枫溪区
水产品总量	吨	202 565	174 887	21 322	6 176	180
其中：海洋捕捞	吨	21 286	20 901	385		
海水养殖	吨	135 426	135 426			
淡水捕捞	吨	3 568	2 895	378	295	
淡水养殖	吨	52 539	25 630	21 067	5 661	181
渔业经济总产值	万元	271 741.6	240 660	24 354.64	6 549	178
水产养殖总面积	公顷	5 943	3 612	1 694.3	611.7	25
海水养殖	公顷	7 392.8	7 392.8			
淡水养殖	公顷	5 943	3 612	1 694.3	611.7	25
渔船数量	艘	2 314	2 006	190	118	
渔船总功率	千瓦	59 520	57 761	418	1 341	
渔业人口	人	56 245	56 245			
渔业从业人员	人	26 138	16 659	6 850	2 629	
渔业乡	个	7	7			
渔业村	个	28	28			

附表 17 阳江市 2017 年海洋与渔业主要指标

主要指标	单位	全市合计	阳春市	阳西县	阳东县	江城区	海陵区	高新区
水产品总量	吨	1 155 543		481 426	293 133	151 595	197 192	32 197
其中：海洋捕捞	吨	378 709	867	161 478	69 594	82 317	62 076	2 377
海水养殖	吨	743 352	31 701	306 443	204 347	41 260	134 475	25 126
淡水捕捞	吨	7 482		401	139	6 942		
淡水养殖	吨	58 568		13 104	19 053	21 076	641	4 694
水产养殖总面积	公顷	32 613	5 140.5	9 578	7 622	3 307.5	3 753	3 212
海水养殖	公顷	20 011		6 962	5 326	1 331	3 683	2 709

附表 18 河源市 2017 年渔业主要指标

主要指标	单位	全市合计	源城区	东源县	和平县	龙川县	紫金县	连平县	江东新区
渔业人口	人	27 763	1 001	6 028	1 964	8 375	2 229	4 167	3 999
渔业村数	个	19	0	16	0	0	0	0	3
机动渔船	艘	759	31	538		52			138
渔业经济总产值	万元	44 392.7	1 857	8 537.6	3 344.1	13 720	6 003	5 288	5 643
水产品总产值	亿元	43 199.6	1 014	8 373.6	3 339	13 720	5 874	5 236	5 643
水产品总产量	吨	41 827	1 176	8 866	3 880	13 182	5 849	5 406	3 468
淡水捕捞	吨	1 494	66	981	27	238	0	39	143
淡水养殖	吨	40 333	1 110	7 885	3 853	12 944	5 849	5 367	3 325
淡水养殖面积	公顷	5 630	251	1 675	290	1 655	615	833	311

图书在版编目（CIP）数据

2017广东省现代渔业报告/中国水产科学研究院南
海水产研究所，中国水产科学研究院珠江水产研究所编．
—北京：中国农业出版社，2019.12
ISBN 978-7-109-26251-5

Ⅰ．①2…　Ⅱ．①中…②中…　Ⅲ．①渔业经济—研究
报告—广东—2017　Ⅳ．①F326.476.5

中国版本图书馆CIP数据核字（2019）第255691号

中国农业出版社出版

地址：北京市朝阳区麦子店街18号楼
邮编：100125
责任编辑：林珠英　黄向阳
版式设计：吴　姬　责任校对：吴丽婷
印刷：北京通州皇家印刷厂
版次：2019年12月第1版
印次：2019年12月北京第1次印刷
发行：新华书店北京发行所
开本：889mm×1194mm　1/16
印张：10
字数：200千字
定价：66.00元